科学的社会功能
（精华版）

The Social Function of Science

[英] J.D.贝尔纳（J.D.Bernal）著

王骏 编译

北京大学出版社
PEKING UNIVERSITY PRESS

图书在版编目（CIP）数据

科学的社会功能：精华版 /（英）J. D. 贝尔纳著；王骏编译 . —北京：北京大学出版社，2021.10
ISBN 978-7-301-32547-6

Ⅰ. ①科… Ⅱ. ①J… ②王… Ⅲ. ①科学学—研究 Ⅳ. ①G301

中国版本图书馆 CIP 数据核字（2021）第 196045 号

THE SOCIAL FUNCTION OF SCIENCE
By John Desmond Bernal
London: George Routledge & Sons Ltd., 1939.

书　　　名	科学的社会功能（精华版）
	KEXUE DE SHEHUI GONGNENG (JINGHUABAN)
著作责任者	［英］J. D. 贝尔纳 著　王　骏 编译
策划编辑	周雁翎
责任编辑	刘清愔
标准书号	ISBN 978-7-301-32547-6
出版发行	北京大学出版社
地　　　址	北京市海淀区成府路 205 号　100871
网　　　址	http://www.pup.cn　新浪微博：@北京大学出版社
微信公众号	通识书苑（微信号：sartspku）
电子信箱	zyl@pup.pku.edu.cn
电　　　话	邮购部 010-62752015　发行部 010-62750672
	编辑部 010-62750539
印　刷　者	大厂回族自治县彩虹印刷有限公司
经　销　者	新华书店
	650 毫米 × 980 毫米　16 开本　13.5 印张　126 千字
	2021 年 10 月第 1 版　2021 年 10 月第 1 次印刷
定　　　价	45.00 元

未经许可，不得以任何方式复制或抄袭本书之部分或全部内容。
版权所有，侵权必究
举报电话：010-62752024 电子信箱：fd@pup.pku.edu.cn
图书如有印装质量问题，请与出版部联系，电话：010-62756370

编译者前言

贝尔纳（J.D. Bernal，1901—1971），英国剑桥大学、伦敦大学教授、英国皇家学会会员，在物理学、化学、生物学等领域颇有建树，享有盛名；同时，他也是一位卓越的社会活动家和思想家。1939年出版的《科学的社会功能》是其代表作之一，在书中，贝尔纳将科学置于广阔的社会与历史情景中，进行了全方位的考察，深入探究了科学的社会功能。

一

1901年5月10日，贝尔纳出生在爱尔兰的一个天主教家庭。1919年10月，成为剑桥大学的本科生后，因其博学、聪慧及对社会主义运动的热情，贝尔纳被友人称为"圣徒"（Sage）。1922年，从剑桥大学毕业后，贝尔纳便开始了特立独行的职业科学研究之路。他主要致力于物理学、化学与生物学的结合，在X射线晶体学、分子生物学、液体结构研究等领域成绩斐然。1927年，贝尔纳回到剑桥大学卡文迪什实验室，获聘晶体学讲师。

1931年7月，贝尔纳与李约瑟等人参加了在伦敦举行的第二届国际科学技术史大会。与会的苏联代表团所提交的论文集《处于十字路口的科学》，特别是赫森（B. Hessen）题为"牛顿《自然哲学之数学原理》的社会与经济根源"的论文，对贝尔纳的影响很大。同年8月，贝尔纳随剑桥大学团队首次对苏联进行了为期两周的访问。

1937年3月，35岁的贝尔纳当选为英国皇家学会会员，同年，他离开剑桥，获聘伦敦大学伯贝克学院的物理学教授职位。1939年1月，《科学的社会功能》出版，书中的观点在国际学术界引发了广泛而持续的讨论。

第二次世界大战期间，贝尔纳积极投身公共事务，并力所能及地协助英国军方赢得战争的最终胜利。1947年，贝尔纳出任英国科学工作者协会会长，他始终呼吁英国政府应加强对科学事业的支持。1949年，作为主要组织者和领导者之一，贝尔纳频繁出席在纽约、巴黎、莫斯科等地举行的世界和平大会。

1954年，贝尔纳的好友李约瑟出版《中国科学技术史》第一卷。同年，贝尔纳出版《历史上的科学》，探讨社会经济变迁如何造就了历史上的科学，以及科学（包括新发现、新知识、新技术）又如何改变了人类历史。

1954年9月，在访问莫斯科并与苏联领导人会谈之后，应中国科学院的邀请，贝尔纳首次访问中国并参加国庆观礼活动。其间，贝尔纳游览了北京的名胜古迹，并赴中国科学院、北京大学等地发表演讲，还特地在北京图书馆做了一场关于科学的社会功能的报告。随后，贝尔纳兴致勃勃地赴南京、上海、广州等地参访，首次中国之行全程近两个月。1959年，贝尔纳再次访华并参加国庆十周年庆典。这次，贝尔纳登上了天安门城楼观看国庆焰火表演，并与毛泽东等中国领导人见面交谈。当时，贝尔纳的儿子马丁正在北京留学，他陪同贝尔纳，还专程去了西安。

1958年，贝尔纳当选为苏联科学院外籍院士。同年，他接替过世的约里奥-居里，担任世界和平理事会主席。1963年，贝尔纳出任国际晶体学联合会的主席。1966年5月，65岁的贝尔纳从伦敦大学伯贝克学院退休，但他对全球公共事务依然保持关注。

1971年9月15日，贝尔纳在伦敦去世，享年70岁。1981年，科学的社会研究学会（Society for Social Studies of Science，又称"4S学会"）专门设立了"贝尔纳奖"，每年授予一位在科学的社会研究领域做出杰出贡献的学者。

二

20世纪30年代，法西斯主义在欧洲兴起，第二次世界大战一触即发,世界变得愈加混乱,何去何从令人彷徨。科学,是否必然会让人类社会变得更加美好?1939年,《科学的社会功能》出版,便是贝尔纳对这一问题思考的结晶。

该书以"科学的社会功能"为主轴,核心的概念是:危机、改革与出路。贝尔纳认为,在资本主义体制下,科学事业的扭曲是自身难以解决的弊病,只有通过建立更加先进、更加合理的社会体制,才能实现社会与科学的良性互动,才能最终实现科学为人类福祉服务的理想。具体而言,《科学的社会功能》的主要内容包含以下几个部分。

科学事业正处于危机之中——在贝尔纳看来,进入20世纪以来,第一次世界大战、全球性经济危机、法西斯主义思潮的兴起以及第二次世界大战的潜在威胁,不仅影响了许多民众对科学的态度,也深刻地改变了科学家自身的科学观,甚至改变了科学思想的内涵。对此,贝尔纳痛感,自文艺复兴以来,科学第一次处于危机之中。他直言,正是科学被滥用导致了当今世界的混乱,因此,全社会都应该反思一下,科学的社会功能究竟是什么。现实的冲击带来了巨大的思想混乱,不仅科学的物质成果遭到反对,科学思想本身的价值也开始受到质疑。贝尔纳认为,这种反理性思潮不仅加剧了社会政治的动荡,也深深地侵蚀了职业科学家的理想。贝尔纳指出,对于这个问题,错误的认识非但挽救不了科学,对社会也无益处,因为危机的根源不在科学自身，而在于社会结构和体制，要实现科学与社会之间的良性互动，唯有改革。

科学事业亟需改革——贝尔纳详细分析了欧洲资本主义社会科学事业发展过程中的种种弊端，他认为，这些弊端源于科学事业发展的不协调和随意性，因此，迫切需要进行重大的改革。科学事业的改革是一个社会政治问题。必须由全社会按一定的原则来全面进行，而不仅仅是由科学家自身或某个组织来单独进行，否则就可能引发各种各样的社会后果，进而就会妨碍科学的进展，就违背了科学事业改革的初衷。改革，必然涉及如何看待科学，以及如何看待科学与社会的关系。

贝尔纳具体讨论了科学事业改革所可能触及的方方面面，包括从中学到大学的科学教育改革、科研工作与科学组织的改革，以及科学事业规划的必要性和可行性。

科学教育的目的，贝尔纳认为，一是提供一种较为系统的知识来认识自然规律，另一是传授一种方法来检验与拓展这种知识。所以，科学教育在于引导学生不仅从现代知识的角度对世界有全面的了解，而且能懂得和应用这种知识所依据的论证方法。因此，现有的招生制度、教学方式、课程内容、考试制度、职业教育、学制设计等，都得相应地进行改革。

与此同时，科学事业需要组织起来，这应是社会的共识。所谓组织起来，就是既自由灵活，又井井有条。这样一来，科学组织就会在科学事业的实际进步中，保持固有的团体精神，积极进取，追求真理，造福人类。

在贝尔纳看来，要使科学可以充分地为社会服务，在改革科学的同时，也必须进行相应的社会变革，社会改革的目的是建立一个科学与社会良性互动的新社会。在贝尔纳心目中，苏联就成功地做到了这一点，所以，科学事业改革的方向就是学习苏联经验。

苏联经验的启示——马克思主义理论在苏联的实践，让贝尔纳看到，现行资本主义制度已经不是全球唯一的社会体制了。世界上已经有了一个新的国家，在那里，社会生产方式和社会关系完全不同于以往，因而，科学同社会的关系也完全不同于以往。马克思主义所构想的国家，其基本原则就是利用人类知识，包括科学和技术直接为人类服务。马克思比当代职业科学家更清楚地明白，科学与社会之间存在着密切的关系。因此，贝尔纳相信，科学与社会之间的这种联系，应该可以变成自觉行为，也只有如此，才能保障科学事业的充分和健康发展。

苏联经验启示贝尔纳，科学事业的出路在于马克思主义。贝尔纳看到，苏联的科学事业是一个完全统一的整体，科学事业是根据一个长期计划来发展的，这个计划本身又是范围更大的社会经济和文化发展计划中的一部分。贝尔纳对此由衷赞叹：

这其中蕴含着多么丰富的发人深省的新思想、新观念、新方法、新工具，有待于人们去加以认识、理解和应用。我期待苏联的科学家们，也期盼其他各国的科学家们，能够对科学事业重新进行再认识、再评价、再改造。

贝尔纳也进一步意识到，辩证唯物主义的思想方法是有效的，它可以启发人们的思路，进而获得特别丰硕的思想成果；它帮助人们重新思考科学的本质属性以及科学与社会的内在关系，进而统一规划和组织科学事业。马克思主义使科学脱离了想象中的完全超然的地位，认为科学是社会经济发展中至关重要的一部分。如此，科学也就清除了形而上学的成分。正是由于马克思主义，我们才更加深刻地认识到科学发展的内在动力；而通过马克思主义的实践，科学将更充分地造福人类社会。贝尔纳期盼，在这样一种新的思想指导下，在这样一种新的社会制度中，科学事业的进展会开启一个新的时代。

从危机到改革，从改革到出路，通过对马克思主义"科学－社会"观的自觉探索，贝尔纳对科学的社会功能有了全新的认识。他概括道：

> 科学既是我们这个时代的物质经济生活中不可或缺的一部分，又是引领和推动社会进步的各种观念的重要内涵。科学不仅为我们满足自身物质需要提供手段，也为我们贡献

思想观念，使我们能够在社会视域中理解、协调并实现自身的需求。

除此之外，贝尔纳还强调，科学赋予人类理性力量，它使人类对未来的潜在可能性，怀有理性期望；这是一种激励，它正逐步而稳健地成为驱动人类现代思想和行动的决定性力量。

三

那么，在21世纪的今天，我们如何思考"科学的社会功能"这个话题呢？或者说，对这个话题的思考，又有什么意义呢？毋庸置疑，最基本的一点就在于，理解科学的社会功能有助于我们更好地理解什么是科学，以及科学的价值与意义。

简言之，科学既体现在器物制造层面，也体现在制度社会层面，更体现在思想文化层面。科学，不仅提供人类认识自然的知识与方法，也在探索自然的奥秘与人类生活的合理化方向，更作为创造性的先导为社会进步提供人力资源、智力支持、技术保障、解决方案及精神动力。科学，代表理性与文明；科学，塑造了现代人格；科学，永远在反思和批判中追求真理。概而论之，让科学的发展充满社会关怀，让社会的进步具有科学精神，这不仅是科学之幸，也是社会之幸，更是人类之幸。

《科学的社会功能》于20世纪80年代首次在中国全文翻译

出版，是当时年轻学子们的案头必备，极大推动了当时中国社会尊重科学、尊重理性、尊重知识的开明风气，启发人们认识到，科学是社会生产力，是推动社会进步的第一力量，更是思想文化和精神力量。

今天，再读贝尔纳《科学的社会功能》，将启发年轻一代对科学的社会功能建立新的认识，这对于弘扬科学精神、普及科学方法、传播科学知识，倡导科学文化，对于引导全社会的科学观、提升民众的科学素养、反思科学的社会价值以及深入探索马克思主义的"科学－社会"观，显然都具有特别的意义。

四

关于贝尔纳《科学的社会功能》的中译本，1982年，商务印书馆出版了陈体芳先生翻译的全译本，并收入"汉译世界学术名著丛书"。2003年，广西师范大学出版社再次出版了这个译本，并收入"雅典娜思想译丛"。今年，在纪念贝尔纳诞辰120周年之际，为更适合读者的阅读理解，北京大学出版社决定重新编译出版《科学的社会功能》。

为此，编译者以《科学的社会功能》1939年英文版为基础，参考陈体芳先生的中译本，重点选取贝尔纳精华思想和代表性观点的论述，舍弃较为细节、琐碎或一般性常识的部分。具体而言，一是删除了原著所有的附录和图表，这部分内容大多为苏联科学事业的资料以及英国当时科研组织的介绍，今天看来，较为单薄、陈旧和零散；二是舍弃了正文中较为平白、生硬和机械式的话题，尤其是科学如何改善食物、衣着、住房、健康、生产、矿业、电力、工程、化工、运输等常识性铺陈。与此同时，保留了较为理念性的论述，并适当做了必要的归并整理。

本书导论部分重点论述当时科学面临的挑战，以及科学与社会的相互作用问题。上篇重点论述科学的历史、现状与危机，包括近代科学兴起与英国的强盛、英国科研现状分析、英国科学教育的问题、科研工作的效率与科学的应用、科学与战争、科学与国际主义、科学事业与社会主义的苏联；下篇重点论述科学的改革、出路与未来，包括科学教育改革、科研组织的改革、科学事业的统一规划、科学为人类服务、科学与社会、职业科学家的身份与社会觉悟等。结语部分重点论述历史上的重大变革、科学与文化、科学的革命等问题。

考虑到作者思路的完整性，原著中的作者序言、导论和结论都未过多删减。文字方面，在不违背贝尔纳原文含义的前提下，编译者尽量使用较为日常化且符合中文习惯的表达方式，避免逐字逐句地直译或从句式的文法结构。在此过程中，编译者拜读了相关学者关于贝尔纳的研究论文或著作,以期能更准确、深刻地理解和表达其思想观点,谨致以谢忱。

感谢北京大学出版社周雁翎先生及其专业团队的邀请、鼓励和协助。囿于译者学识浅陋,新译本期待各方大家的赐教和指正。

王骏
2021年初春北京大学未名湖畔

作者序

最近几年的事态发展，启发我们对于科学的社会功能进行严肃的反思。我们一直相信，科学研究的结果，必然带来人类生活状况的持续改善与繁荣，但是第一次世界大战及随后的经济危机表明，科学，也很容易带来破坏和浪费。于是有舆论呼吁，应该停止科学研究，只有这样，才能保护岌岌可危的人类文明。面对这些批评，科学家们也不得不自觉地去思考，自身的专业工作与人类的社会经济发展究竟是什么关系。本书尝试来分析这种关系，并讨论科学家个人或团体究竟应该在多大程度上为目前的科学状况负责，进而给出一些可行性的建议，确保科学的社会功能是有益的，而非破坏性的。

首先，应该明白，科学的社会功能是随着科学的发展而逐渐变化的，不能把两者彼此孤立看待。科学早已不只为单纯满足绅士阶层的好奇心，更不是对于少数天才大脑的慷慨捐助，而是正逐渐成为国家和产业支持的社会事业。科学主体，也逐步从个人转型为科学共同体，这也意味着在科学研究过程中，仪器设备和行政管理的重要性。但由于目前科学事业发展的不协调和随意性，使得无论是科学的内部组织形态，还是科学的社会应用层面，都呈现出无效率的状况。若要使科学充分地服务社会，就必须对此加以改革。这是一项极困难的任务，因为组织科学事业的任何尝试都可能会伤害科学的原创性和自由度，而后者是科学进步所必不可少的保障。科学，绝不能成为官僚行政的一部分。不过种种迹象也表明，无论国内还是国外（尤其是在苏联），在科学事业的规划中，自由与效率是可以同时兼顾的。

科学的社会应用也出现了一系列的问题。相当长一段时期内，科学进步的目的，几乎就是为了降低成本来提高物质生产率，以及用于发展武器装备。这不仅导致"技术进步型"失业，更忽略了科学造福人类的更直接的价值所在：健康和生活。科学的不同学科也发展得极不平衡，那些可以立竿见影地产生效益、有利可图的学科，如物理学、化学，可谓是生机勃勃，而生物学，还有社会科学，则暮气沉沉。

关于科学应用的讨论，必然涉及经济问题，我们不得不追问，现存的或设想中的不同经济制度，究竟能为最大程度地实现科学造福人类社会，提供多大可能？众所周知，经济离不开政治。法西斯主义的出现，正在全世界范围内掀起一系列战争，面对一场更广泛、更可怕的世界大战，科学家们将难以置身其外，无论是作为普通公民，还是职业研究工作者，都将深受影响。

自文艺复兴以来，科学，第一次处于危机之中。科学家们已经开始意识到自身的社会责任，但是，如果要让科学发挥应有的社会功能，并避免所面临的威胁，无论是科学家还是公众，都必须对科学与社会的复杂关系有更加深刻的认识。

对现代科学本身进行研究，这远非一己之力所能完成的。事实上，目前也还没有任何相关研究成果，哪怕是一部综合性的著作。要分析几个世纪以来科学、产业、政府和文化之间的复杂关系，更是难上加难。这样的任务，不仅需要对科学本身有全面的了解，还需要有经济学、历史学和社会学的背景知识。我这样讲，并非是为本书找推脱之词。我现在比刚开始写作时更切身地意识到，自己在能力、知识和时间方面的不足。作为一名从事实际工作的科学家，我主要埋首于我的专业领域，此外，还有很多事务性工作缠身，我很难连续数日全神贯注来从事本书写作，甚至连必需的文献研究都未能尽如人意。

统计与细节的精确，对于任何学术研究来说，都是绝对必要的，但有时，由于某些档案的缺乏而无法达到精确，或由于档案庞杂，需要付出巨大努力才有可能尽量精确。例如，谁都搞不清，各国职业科学家的具体人数（也许苏联例外），还有，究竟在他们身上花了多少钱，是谁提供了资助。按理说，职业科学家的工作是可以查到的，因为他们的研究成果都发表在30000多种科学期刊上，但事实上，对他们职业工作的机制和动机，我们还是一无所知。

在描述和评论科学工作的现况时，我不得不主要依赖个人经验。这显然会产生两点缺陷：其一，个人经验可能并不具有代表性；其二，个人结论会带有偏见。关于第一点，与很多领域不同学科的众多科学家的交谈使我确信，我的个人体会在科学界几乎是普遍的共同感受。至于第二点，我必须坦率地承认，我是有偏见的。我对于科学事业的缺乏效率、饱受摧残以及不正当应用，是极为愤慨的。事实上，正因为如此，才促使我思考科学与社会的关系并撰写本书。虽说，细节方面的偏见可能会导致尖刻的批评，但不可否认，科学家当中普遍存在的愤慨已表明，目前科学的状况确实很糟糕。但遗憾的是，我们无法在任何公开出版物中，自由而认真地检讨科学的运行状况。诽谤罪的法律条款、国情因素和科学共同体内部的不成文规定，都禁止就具体个案进行褒贬。所以，批评也只能是原则性的，或许难以令人信服，或也缺乏成效。不过，如果本书的基本论点是成立的，那么职业科学家可以提供自身的个案来印证，非职业科学家也可以根据自己的感受来检验，这样，读者就可以体会，对于科学事业现状的产生原因，本书的论点在多大程度上可以提供合理的解释。

对于身临其境的人来说，目睹科学事业饱受摧残，是非常令人痛心的。对于绝大多数人而言，这意味着疾病、愚昧、苦难、劳苦与夭折，而对于科学家来说，就是焦虑与虚度的一生。科学可以改变这一切，但唯有科学与社会相互理解、相互携手。

面对如此残酷但不失希望的现实，把科学看作是纯粹、脱俗的那种传统信念，可以说是不切实际，说得更重一些，就是虚伪和耻辱。不过，我们向来就是这样被灌输的，我要表达的观点或许是很多人难以接受的，甚至会觉得是在亵渎科学。但是，本书若能有助于呈现科学事业所面临的问题，进而表明，科学与社会的健康发展有赖于两者间的良好关系，那么我的目的就达到了。

贝尔纳

1938 年 9 月

伦敦大学伯贝克学院

目 录

编译者前言 i
作者序 xiii

导论　科学问题与社会问题

1. 科学面临的挑战 3
2. 科学与社会的相互作用 8

上篇　历史、现状与危机

1. 第一次世界大战、科学与东西方世界 25
2. 大学中的科学教育：现状与问题 30
3. 科学与公众 36
4. 科学职业的目的与"纯科学"理想的幻灭 43
5. 科学事业的效率与危机 49
6. 关于科学的应用 59
7. 科学与人类福祉 65

8. 科学与战争 70

9. 科学：国际主义与法西斯主义 74

10. 科学与社会主义：苏联经验 78

下篇　改革、出路与未来

1. 科学事业的改革 95

2. 科学教育的改革：从中学到大学 102

3. 科研工作与科学组织的改革 113

4. 科学事业可以统一规划吗？ 121

5. 科学为人类服务 133

6. 科学与社会 139

7. 科学与社会变革 148

8. 今天的职业科学家 152

9. 作为社会公民的职业科学家 159

10. 社会觉悟与职业科学家的组织 167

11. 科学与政治 173

结语　关于科学的社会功能

1. 历史上的重大变革 182

2. 科学与文化 187

3. 科学的革命 189

导 论

科学问题与社会问题

> 科学实现了生产率的增长,却也带来了新的失业和生产过剩,贫困,依然在全世界范围内普遍存在。与此同时,由于科学的应用,现代武器让战争的恐怖近在眼前,个人安全作为文明社会的主要成就,也将荡然无存。当然,所有这些罪恶不应该都只归咎于科学,但不可否认,这些问题都与科学有很大关系,正因如此,科学对人类文明的价值,一直以来都是被拷问的。

1. 科学面临的挑战

什么是科学的社会功能？100年前或50年前，无论是对于科学家自身，还是对于政府官员或普通民众来说，这都是一个奇怪的、无意义的问题。很少有人思考这个问题，科学的社会功能被默认是造福全人类。科学，是人类智慧的结晶，也是幸福生活的源泉。即使有人怀疑，科学能否像人文学科那样提供良善的通识教育，但无人质疑，科学的实际应用，为人类社会的进步提供了坚实的基础。

现在，我们有了完全不一样的看法。我们时代出现的各种麻烦，似乎都是这样一种社会进步的后果。科学实现了生产率的增长，却也带来了新的失业和生产过剩，贫困，依然在全世界范围内普遍存在。与此同时，由于科学的应用，现代武器让战争的恐怖近在眼前，个人安全作为文明社会的主要成就，也将荡然无存。当然，所有这些罪恶不应该都只归咎于科学，但不可否认，这些问题都与科学有很大关系，正因如此，科学对人类文明的价值，一直以来都是被拷问的。对于社会精英阶层来说，只要科学的成果对社会是有益的,科学的社会功能就理所当然地毋庸置疑。而现在,科学呈现出双刃剑的角色,既具建设性,又有破坏性,其社会功能就理应被反思,因为其存在的合法性正在被挑战。科学家与社会进步人士都意识到,正是科学的被滥用,才导致了当今世界的混乱,这是不争的事实。为科学辩护,不再是不证自明的;而要洗刷自身的污名,科学,唯有接受批评与反思。

事态的影响

最近这20年的事态发展,不仅影响了许多民众对科学的态度,也深刻改变了科学家自身的科学观,甚至改变了科学思想的内涵。科学在这300年间所发生的内部重大变革,包括理论和观念的革命,伴随着第一次世界大战、苏联革命、经济危机、法西斯主义兴起以及当下的更可怕战争等一系列令人不安的事态发展,这看起来似乎是种奇怪的巧合。公理学与逻辑学的论战,动摇了数学的基础。牛顿与麦克斯韦的物理学完全被相对论和量子力学所颠覆,尽管人们至今对量子力学的理论仍然一知半解,似懂非懂。生物化学和遗传学的发展使得生物学面目焕然。面对一生中所经历的这些飞速发展,科学家们不得不去思考自身科学信念的基础,这种思考远比前几个世纪同行的思考要深刻得多。与此同时,他们也不可能不受到外在因素的影响。面对战争,意味着要应用自己的专业知识直接服务于军事目的,对此,任何国家的职业科学家概莫能外。经济危机更是直接影响科学家的工作，阻碍科学进展，使得科学事业受到威胁。而法西斯主义的兴起表明，即使在现代科学的中心，迷信与野蛮也会死灰复燃，我们本以为，这已经随着欧洲中世纪的结束而销声匿迹了。

科学应该被禁止吗？

所有这一切冲击的结果，自然而然就导致了巨大的思想混乱，不仅科学家自身感到茫然，社会对科学的认识也是如此。于是，在英国科学促进协会（BAAS）上，有人竟然提出，应该禁止科学或至少应该禁止科学新发现的应用。1927年，在英国科学促进协会的讲道中，一位主教就曾这样说道："就算有听众要判我死刑，我也要大胆提出。如果所有的科学实验室关闭十年，而把我们的潜力用来复兴已经失去的人类生存的艺术，用来发现人类生活的美好模式，那么即使远离了科学，人类其幸福感并不会因此而减少。"

对理性的背叛

现在，不仅科学的物质成果遭到反对，科学思想本身的价值也开始被质疑。在19世纪末，由于社会体制的危机，反智主义思潮有所抬头，索雷尔（Sorel）与柏格森（Bergson）的哲学就是其表现。他们认为，本能与直觉比理性更重要。我感到，从某种意义上说，正是那些形而上的哲学家们，为崇尚暴力统治与神圣领袖的法西斯主义思想找到了理论辩护。正如一位智者所尖锐指出的那样：

> 我们生活的时代，充满理性与反智的斗争。到处可以看到，哲学思想被学术江湖骗术所入侵。这些骗术看起来五花八门，但其本质都是一样。理性，已被视为过时而遭摒弃。一个人如果坚持，凡事都要经得起事实的检验，他就会被嘲讽和训诫。米利都学派谴责苏格拉底（Socrates）学派和阿那克萨戈拉（Anaxagoras）学派的无神论亵渎了神灵。罗马学者抛弃了卢克莱修（Lucretius）和希腊哲学，转而向东方巫师寻求天国真理。若坚持检验第一，或质疑"直觉即真理"，其人其书甚至都会被焚毁。狄俄尼索斯[①]的秘术，伊希斯[②]或奥西里斯[③]的咒语、太阳崇拜或牛图腾，以及各种无奇不有的经验或启示，都曾经被证明是知悉宇宙、上帝与绝对真理的本质的有效方法。而有些蠢货的无耻在于，一方面他们把自己的信仰当作是真理的化身，另一方面又依然尝试用理性，弱弱地去追问：死亡到底是什么？为何星星在宇宙中闪烁？狗是否有灵魂？为什么世界会有罪恶？全能的神在创世

---

① Dionysus，希腊神话中的酒神。——译者注
② Isis，希腊神话中的母性与生育之神。——译者注
③ Osiris，古埃及神话中的农神。——译者注

之前究竟在干什么？地球毁灭后上帝在哪里？这帮人绝不应该进入学界士林。

这种荒谬的反理性思潮，不仅造成了社会政治的动荡，也深深地侵蚀到科学自身的内部结构。职业科学家对此当然始终如一地排斥，但某些理论，特别是那些事关宇宙与生命本质的学说，在18世纪、19世纪已经被世人不齿，如今却企图重新赢回科学界的认同。

2. 科学与社会的相互作用

我们再不能无视这样一个事实：科学正影响着社会，社会也正影响着科学。为了更充分地说明这一点，我必须仔细地来分析这种相互作用。本书的主要目的即在于此。在分析之前，有必要先了解一下，关于"什么是科学"及"科学的本质"的各种流行观点。至少存在两种截然的科学观，理想主义的与现实主义的。理想主义的科学观认为，科学单纯追求真理的发现，其功能旨在建立一套符合经验事实的世界图景，区别于那些神秘主义的宇宙论。除此，如果说，科学也有实用的功能，那当然越多越好了，但是别忘了科学的初衷。现实主义的科学观认为，功利性比什么都重要，探索真理的目的就是为了解决实际问题，也只有在实际过程中才能检验真理。

作为纯粹思想的科学

上述两种科学观当然是两个极端，实际上各自有一些变通，两者之间也有很多共性存在。理想主义的观点不承认科学具有任何实用的社会功能，即使有，也至多是相对次要和附属的。在他们看来，科学本身就是目的，科学只是为了追求纯粹的知识。在科学史上，这种观点起了很大作用，但并不是完全正确的。在古希腊时期，这种观点绝对是主流的，柏拉图在《理想国》中就有经典名言：

> 问题在于，（几何学中）大部分比较高深的东西，是否能帮助人们较为容易地把握善的理念。我们认为，它可以迫使灵魂转向"真理与实在"这一最神圣部分，所有的学科都有这种作用。如果它迫使灵魂看实在，它就有用。如果它迫使灵魂看世界（产生世界、生灭世界、可变世界），它就无用。事实上，几何学的真正目的是纯粹为了知识。其对象乃是永恒事物，而非有时产生和有时灭亡的事物。所以说，几何学应该能把灵魂引向真理。永恒真理（真实、存在、实在），可以被灵魂所领悟，这是至关重要的。

这种科学观的现代表述方式，是把科学本身看作是科学存在的主要理由，而非唯一理由。在他们看来，科学是一种方法，可以发现诸多最深刻问题的答案，如：宇宙和生命的起源、死亡与灵魂的存在，等等。但我觉得，科学若用于这样的目的，是荒谬的，因为我们关于宇宙的认知的基础，只能是根据科学所已经建立的理论，而不是科学所"无法"（can not）知道的那些事。科学无法告诉我们，宇宙是如何形成的，那就必然存在着智慧的造物主。科学无法合成生命,那生命的起源就必定是个神迹。量子力学的不确定性就证明了人类自由意志的存在。按这样的逻辑,现代科学就变成了古代宗教的盟友,甚至在很大程度上代替了宗教。主教、牧师,加上哲学家等人的工作,一门新的、科学的神秘宗教诞生了,其基本理念即:绝对价值在连续创造中,人类是这个演变过程的终极产物。显然,科学如此为宗教辩护,也可以看作是科学在当下的社会功能之一,只是,这无法证明科学的独特价值,因为关于宇宙,单纯的直觉同样也能给出令人满意但又无法证实的答案。实际上,科学对于现代宗教的意义,就是委婉承认了科学在文化中的重要性。因为,任何宗教观点都无法在学界立足,除非他们可以给出科学的表述,并且不能与当代科学理论的确凿事实相抵触。

这种理想主义科学观的一种最温和的表达就是,科学是智识文化的重要组成,对于文明社会来说,现代科学知识与现代文学知识同样是不可或缺的。当然,事实上,英国境况远非如此,但有些学者试图以此来为科学的价值辩护,并呼唤科学的人文主义。著名的科学史家萨顿(G. Sarton)在《科学史与新人文主义》中就曾这样说:

> 要使科学人性化的唯一方式,就是注入一点历史的精神,敬重历史,敬重每个世代以来良善之士的成就。无论科学变得多么抽象,它的起源与发展,本质上都是人的成就。

每一项科学成就都体现着人性与德行。人类所揭示出的宇宙的无限广袤，除了单纯自然属性外，并没有因此使得人类变得很渺小，反而赋予人类的生活与思想更深刻的意义。每当我们对世界的认识更进一步，我们就会更深刻地领悟人类与世界的关系。科学与人文从来不冲突，科学的每一个科目，既关乎自然，又关乎人性。一旦理解了科学的人文意义，那么科学研究本身就成为最好的人文主义之道。如果认识不到这一点，只单纯为信息和技能而传授科学知识，那么科学研究也就失去了所有的教育功能，姑且不论其技术层面的价值有多大。如果不结合历史，科学知识就有可能成为危险的文化；如果结合历史，敬重人性，科学就将培育出最高级的文化。

关于科学的功能，这种看法，与古希腊哲学家的观点很相近，他们都认为，科学是一种纯粹的智识活动，确实如此，它关乎客观自然，而不牵涉数学、逻辑或伦理学的更纯粹观念，尽管后者也是一种严格的思考。虽然大部分科学家自身都持有这种看法，但实际上它是自相矛盾的。如果科学是为了认识自然而去认识自然，那么就不会有我们今天所谓的科学，因为科学史的基本常识表明，科学发现的动因和方法都来自物质需求和物质工具。之所以上述观点成功地流传了这么久，只有一个解释，那就是科学家和科学史家都忽视了人类全部的技术活动，而这些活动与科学具有很多共性，就像哲学家和数学家都具有抽象思维一样。

科学作为一种力量

与此相对立的现实主义的科学观，把科学看作是通过理解自然而实际驾取自然的一种方法。这种观点为古希腊传统所抵触，但也是普遍存在的。罗杰·培根（Roger Bacon）与文艺复兴时期的人们都明确主张这种观点，但首次以现代语言来给予完整表述的是弗朗西斯·培根（Francis Bacon）：

> 人类获取力量与获取知识的途径是并行一致的。只是习惯于抽象思辨的痼疾，所以万全之策是，让我们从头考察科学是如何基于实践而发展起来的，进而揭示，知识是如何被实践所决定并打上了实践的烙印的。

这种科学观至少维系了200年。

那么培根自己的答案又是什么呢？用他自己强调的一个词语来表述，就是"成果/果实"（fruit），也就是增加人类的幸福和减轻人类的痛苦，也就是人类境况的改善，不断地为人类提供新方法、新工具和新途径，这就是科学的价值所在。培根思想中的两个关键词就是：功用（utility）与进步（progress）。古代那些哲学家不屑于"有用"，而是沉溺于自我满足，他们热衷于建立那些道德完美的理论，试图去解决永不可能解决的难题，去教化人们实现永不可能实现的心境。这些理论是如此崇高，以至于永远是理论而已。它不可能屈尊成为造福人类的仆人。在古代学派看来，造福人类，那是有失身份的，甚至被斥为不道德的。

维多利亚时期，绝大部分进步人士都认为，科学的功能在于普遍造福于人类。麦考利（Thomas Babington Macaulay）在《论培根》中这样写道：

> 随便问一个培根思想的信徒，新哲学（即科学）如何影响人类，他便会回答："它延长了寿命、减少了痛苦、消灭了疾病、增加了土壤肥力、为航海提供了新的安全保障、为军队提供了新武器、在大小河流上架设了从未有过的桥梁、把雷电从空中安全地导入地下、照亮黑夜如同白昼、扩展了人类的视野、增加了人类的体能、加快了速度、消灭了距离、便利了交往和通信、有助于社交、便捷商务、让人类可以下海上天入地、风驰电掣的火车代替了马车、轮船乘风破浪地在海洋中航行。"这些只不过是科学的部分成果，而且只是它的初步成果。因为科学是永不停顿、永不自我满足、永远追求完美的。它的本性就是进步。昨天的未知，就是今天的目标、明天的起点。

幻想的破灭

麦考利先生若活在现代,对于科学的成果,他会有不一样的、更具说服力的看法。他会指出,人类已经拥有百年前根本无法想象的物质享受和巨大力量,包括征服疾病方面的伟大进展、永远免受饥饿与瘟疫的威胁,但是他也将不得不承认,事实上,现代科学无法解决普遍富裕和幸福的问题,如同古代那些关于道德的学说无法实现普世的良善。战争、金融混乱、数百万人的必需品被蓄意地破坏、普遍的营养不良、比史上任何战争都更可怕的未来战争的威胁,等等,这些都是我们在描绘现代科学成果时必须指出的现况。所以,难怪科学家们自身也越来越不相信,科学的发展必然会让这个世界变得更美好。1932年,英国科学促进协会主席艾尔弗雷德·尤因爵士(Sir Alfred Ewing)曾这样说道:

> 如今我们感到,何谓社会的进步,思想家们的态度已经有了变化。赞美之中兼有批评,自满的情绪已让位于怀疑,而疑虑正变成担忧。一种彷徨与挫折的感觉正在弥漫,如同走了很长一段路之后,才发现自己拐错了方向。往回走是不可能的,那么接下来该如何前行?谁也不知,这条路或那条路,会把我们带向何方。科学界人士在感到幻想破灭后的某些失望情绪的表达,应该是可以理解的,如今他们带着这种

情绪，正冷眼打量那些曾经令人无限喜悦的新发现和新发明。人们不禁要问：科学，将走向何方？究竟它的本质是什么？它又将如何影响人类的未来？

科学本是现代事物。一个世纪之前，它才刚刚成熟，还没有拥有今天这样令我们敬畏的力量。众所周知，工业革命起源于英国，在相当长一段时期内，英国一直是世界工厂。但是不可避免地，世界发生了变化，现在所有的国家，都多少有点机械化了。科学家的丰硕成果遍及全世界，人才和力量遍布各地，这是前所未有的，也是过去从来不敢想象的。无疑这当中有很多是有益人类的，使人类的生活更充实、更广阔、更健康、更享乐、更富足、更幸福。但是我们深深地意识到，科学家的才能正在被严重滥用。在某种程度上，这既是当下的麻烦，也是潜在的悲剧。面对如此巨大的恩赐，人类在道德上还没有完全做好准备。道德的进步是缓慢的，人类尚不能适应这种巨大恩赐所带来的巨大责任。在人类尚不知道该如何支配自己的时候，就已经被赋予支配大自然的力量了。

我没必要详细论述那些迫切需要引起我们关切的各种隐患。我们知道，如同人与人的关系一样，在国际关系中为了保持和睦，有时就得稍微牺牲一点自己的自由。世界要想维持和平，人类要想延续，就得放弃那种对于国家主权的普遍偏爱。地质学家发现，在进化史上，有一些已经灭绝的物种，其之所以灭亡，正是由于拥有强大而有效的攻击器官和自卫器官。这现象值得所有爱好和平的人深思。不过，人类生活的机械化还有另一个层面，也许不那么为人所熟知，我愿冒昧地在这里谈一谈。

机械化生产越来越代替了人力，不仅是制造业，还包括我们的一切工作，甚至是田间耕作这种简单劳动。于是人类发现，他们拥有了做梦也想不到的丰硕财产与能力，但与此同时，在很大程度上，他们也失去了一个难以估量的福分，即劳动的快乐。我们发明了用于大规模生产的机器，并为了降低单位成本而大幅增加产能。机器自动地运转，而工人几乎已经被淘汰。他们已经失去了工匠的乐趣，传统上那种凭借技艺和细致完成产品的满足与慰藉也荡然无存。失业是常有的，且比苦力更悲惨。由于无序竞争而供大于求，大量过剩商品充斥全球，虽然各国都在力图建立关税堡垒，以求至少保护国内市场。

一些人士出于善意，想要利用自然资源来造福人类，但是我们必须承认，这种和平的动机也有其负面影响。是否存在补救的办法？我不知道。有人可能设想一个遥远的乌托邦，劳动和劳动成果都可以得到完美的调节，就业、报酬和机器所生产的一切产品都实行公平的分配。即使做到这一点，问题依然存在。几乎所有的劳力负担都推给了永不知疲倦的机器仆人，我们该如何去消磨自己的休闲时光？我们能否期盼自己灵性上不断精进，并学会善加利用这得来的闲适？我想，上帝是会允许我们追求并完成这一目标的。我们唯有探求，才能实现。我绝不相信，人类因拥有这种创造性的才能，就注定要衰亡。事实上，正因此，人类才愈加认识造物主。

出　路

有些人对人性的不可救药，感到完全绝望而放弃科学事业。另外一些人则完全沉浸于实际科学工作，根本不去思考对社会所产生的一切可能后果，因为他们已经事先知道这些后果可能是有害的。哈迪（G. H. Hardy）关于纯数学有一句名言，只有极少数的幸运儿才敢像他这样说："这门学科没有任何实际用途。它既不能直接用来杀人，也无法解决当下的贫富不均。"

很多人接受了这种有点主观又有点玩世不恭的看法，认为从事科学工作就像是打桥牌或玩字谜游戏，只是对资深玩家来说，这远比打桥牌或玩字谜游戏更刺激、更有趣而已。从某种意义上说，这种看法肯定是有些道理的。任何职业科学家必定会对他所从事的实际工作，有一种内在的喜爱和享受。这与艺术家或运动员对自己所从事工作的感受，并无本质差异。卢瑟福（Ernest

Rutherford）曾一直把科学工作分为两类：物理学和集邮，要是按这个类比的话，就可以简化为"摆弄（仪器）"和"搜集（邮票）"了。

科学对社会的重要性

这些主观性的看法并不能告诉我们，从总体上说，科学的社会功能究竟是什么。这个问题不能仅仅指望通过职业科学家们的自身感受或他们的愿望来回答。他们也许正享受其中，也许觉得这是一种高贵的职业或是一种有趣的消遣，但这都不能说明为什么科学在现代世界的迅猛发展，也无法解释为什么科学会成为今天世界上许多聪明能干之士的主要社会职业。

科学显然已经赢得了巨大的社会重要性。这不仅仅是来自于对其智力活动的评估。目前，科学显然并没有完全实现服务人类福祉的初衷。我们有必要搞清楚，科学究竟被用于什么样的社会目标。这样的研究，当然是属于社会学和经济学维度的，而不是哲学维度的。

作为劳动者的科学家

我们必须明白，科学能够发展到现代规模，一定是意味着它对于资助者具有积极的价值。科学家也得生活，他们的工作极少是马上可以看到产品的。职业科学家拥有独立经济基础或可以依靠副业为生的时代早已过去了。用一位老一辈的剑桥大学教授的话来说,科学研究工作已经不再是"供一位英国绅士消遣的合适职业"了。几年前,美国的一份统计调查表明,全国200位杰出科学家中,只有两位是富有家产的,其他人收入都是来自科学职业。今天的科学家基本上已经成为领工资的职员,几乎完全和普通的公务员或职业经理一样。即使服务于大学,科学家工作的整个过程也会受到利益集团的有效控制,就算微观层面不然,研究工作的总方向肯定还是如此。事实上,科学研究和教学已成为产业发展中的一个微小却至关重要的组成部分。我们需要透过科学对产业的贡献,来认识科学当下的社会功能。

以赢利为目的的科学

包括特殊的军事工业和古老的农业在内,产业发展历史表明,产业变革的方向主要是提高生产效率与利润,而这个过程几乎完全仰赖于科学的应用。科学的应用带来技术上的三大变化:生产自动化的不断提高、原料的更充分利用(由于杜绝浪费)、投资成本的节省(由于资金周转加快)。不过,投资成本的节省,可能抵消不了机器设备费用的不断增加。总体上的结果,就是产量不变,但生产成本降低,或更常见的:成本不变,但产量大幅增加。与传统上降低成本的办法——改善组织管理、提高工人劳动强度或降低工资等——相比较,利用科学来降低成本具有优点。这些优点是实实在在的，尽管也有其局限性，但由于生产者的保守，这些优点并没有得到充分利用。所以，无论科学在发展过程中受到多大的阻碍，若不是因为它有助于提高产业利润，绝不可能取得目前的重要地位。如果来自产业界和政府的直接或间接补助被终止，科学将马上没落到与中世纪相当的水平。像罗素（Bertrand Russell）那样的唯心主义哲学家们，总希望在不发展产业的同时来发展科学，这显然是不切实际的想法。且不论在提供仪器设备等方面产业界对科学的巨大贡献，单就科学研究所需要的充足经费而言，除了产业界，不可能有任何其他来源。科学与产业的这种关系，在社会主义体制中也会继续存在。在那里，随着科学为利润服务的弊病的消除，头等大事就是如何计划生产来最大程度地为人民造福。科学，因而就必须与工业、农业和卫生事业空前紧密地结合起来。

科学建制

在19世纪，由于产业和科学之间的这种联系，科学事务已经不知不觉地成为一个可以与宗教事务或法律事务相提并论，甚至更为重要的建制了。与这两种建制类似，科学建制依存于现有社会制度，它的组成也主要来自同一个阶层，并渗透了统治阶级的思想。不过在很大程度上科学已经具有自己的组织、历史和理念。人们通常很容易把这种科学建制的存在视为理所当然。科学与产业的联系,曾取得了如此巨大的进步,人们就会假定这种进步会自然地继续下去。其实,无论是产业还是科学,认为其会永远持续发展的观点都是站不住脚的。过去这几年的事态已经向我们表明,基于历史趋势的肤浅分析,去预测经济发展的未来,是多么不靠谱。对此,我们必须有一个更深刻、更长远的视角。

科学能够长存下去吗?

我们可以看到,历史上各种建制有一个产生、停滞和消亡的过程。我们怎么知道,科学不会遭遇相同的命运呢?事实上,古希腊时期的科学,就曾经极为繁荣,它也曾有过自己的建制,但是早在孕育它的那个社会毁灭之前,它就消亡了。我们怎么知道,同样的情况不会再发生,我们怎么知道,现代科学此刻没有遇到同样的境况呢?要回答这些问题,只分析目前科学的状况是不够的,需要了解整个科学史才能给出完整答案。遗憾的是,科学作为一种与社会、经济相关联的建制,其历史尚未有人给出论述或准备着手来阐明。现有的科学史,只不过是伟大人物及其成就的一笔流水账,也许适合激励年轻一代,但无法从中去理解科学作为一种建制,是如何兴起和发展的。如果我们要了解当下科学建制的意义,以及科学与其他社会建制和社会活动的复杂关系,我们就必须试图完成一部新视野中的科学史。要把握科学的未来，关键在于了解科学的历史。无论多么粗糙，只有在考察了科学的历史之后，我们才能逐步明确，究竟什么是科学的社会功能，以及科学可以具有什么样的社会功能。

上 篇

历史、现状与危机

> 科学是人类社会独一无二的特殊事业。它理所当然地被赋予特殊的期盼,理所当然地应得到特殊的支持。人类要征服贫穷和疾病有赖于科学的不断进展,一切深刻变革人类社会的途径也都依赖科学的不断进展。但科学毕竟还是脆弱的,我们不知道它究竟能够承受多少摧残和伤害。历史上,我们一次次地看到科学的昌盛与科学的衰亡。这种循环随时还可能再发生。我想,不论科学事业本身还是人类社会都不能再去冒这种风险。

1. 第一次世界大战、科学与东西方世界

19世纪中叶后,英国持续200年的辉煌开始没落,逐渐丧失了对制造业的垄断优势,作为工业国的优越地位也正在遭遇强劲的敌手。英国工业亟需新的出口市场,这也刺激了科学进一步的发展。为了应付帝国扩张所遇到的新问题,科学教育工作和科学研究工作进行了全面的改革。可是相对而言,德国科学教育和研究的开展更是如火如荼,与英国完全不在一个等级上。德国高等学校培养出成千上万的化学家和物理学家,输送到工业实验室中去,在短短几年之中,原来主要由英国奠定基础的化学工业就变成德国新工业的一部分,并实际垄断了世界市场。

科学与战争之间关系的转折点随着20世纪初的第一次世界大战出现。与以往战争不同的地方在于,科学第一次表现出对于战争胜败的决定性影响。当然,自古以来,战争始终比和平更需要科学。这并非是因为科学家好战,而是因为,战争的需要更为急迫。各国政府不那么乐于向和平研究提供资助,却很慷慨地向军用研究提供大量经费,科学能研制出更先进的军事装备,而这

决定着战争的最终胜败。

在第一次世界大战中，科学家的协作达到了前所未有的程度，各国政府都对本国科学家实行战争总动员。在这方面，开始时，德国人是有优势的。他们的职业科学家不但人数众多，而且与工业保持着更为密切的联系。这是一个可以立竿见影的有利条件，且本来是具有决定性影响的。而协约国不得不在战时临时拼凑科学和工业机构，英国终于在1917年仓促地成立了科学和工业研究部，美国则于1916年成立了国家研究委员会（NRC）。战后，英国的研究部曾回顾说道：

> 战争一开始，就可以看出，科学的应用将在战争中起决定作用。于是政府动员并征集科学工作者，显然这收到良好效果。过去国内一直呼吁英国工业和科学应该更密切地相互配合、相互支持，战争的迫切使这样的呼吁更显得有力。人们很快就发觉，对手若已经通过对科学成果的应用掌握了某些工业产品，将足以危及英国的利益。大家也普遍认识到，为了在平时和战时都能取得胜利，应该更充分地利用科学资源。战争的危险也为和平时期提供了教训，那就是，一旦战争结束，工业界就要面临一种新形势。如果英国要保持工业优势，如果英国工业品要在世界市场上继续站得住脚，就需要做出更大的努力。为了更充分地协调科学资源，也为了提前应对战后的新形势，政府设立了

科学和工业研究部。议会还同意拨出 100 万英镑巨款来资助科学与工业研究工作。科学界与工业界领袖在周密思考如何更有效地达到这一目的，进而制订出合作研究的具体计划。

第一次世界大战自然而然地迫使人们对科学在现代国家的功能，有了全新的、更主动的认识。人们意识到，科学如此重要，不仅决定战争的胜败，更事关和平时期的发展，因此，科学是一项国家事业，不能让科学处于完全无组织的状态，也不能让科学研究工作仅仅依赖民间基金或某些施舍的资助。人们明白，不论在平时还是战时，一个现代工业国的存在本身，就有赖于有组织的科学事业。探索自然资源，以及探索如何有效利用资源，都需要科学，也只能依靠科学。

在相当长的一段时期内，总有一些声音反对以政府角色来统筹科学研究工作，并努力将此论调合理化。这些声音体现了英国长久以来的保守思想传统，表达了对政府管理科学事务的隐忧。正是由于这样的一些认识和争议，英国的科学改组工作始终处于混乱、三心二意的状态。政府和社会需要科学，却不准备付出成本。职业科学家本能地固守战前相对独立的地位，不愿受政府的主导。

因为战时的特殊情况，几乎所有人都毫无异议地服从国家需要，但平时，若把科学事务的主导权交由政府或产业，是否可行？这始终是英国政府、社会与科学界纠结的问题。不仅英国，几乎所有国家在制定科技政策的过程中，都是一种折中的态度，科学事业既不完全是有组织的，也不完全是独立的，主导它的机构可谓是重重叠叠，这种折中的效果并不特别令人满意。

20世纪初，在第一次世界大战结束以后，科学从战时应急状态中解脱出来，迸发出更大的活力。在德国尤其如此。似乎在和平年代，德国人更能在科学领域取得暴力所不能实现的优势。这一平静时期由于1929年的世界经济危机及其政治后果而告终。德国科学事业的进一步发展也因此受到影响，纳粹的狂热破坏了表面上牢不可破的局面。1933年之后，整个科学事业的结构已经面目全非。

眼下，西方世界官僚主义的泛滥使得科学事业的效率更为低下。现在麻烦在于，既无法让科学事业遵照自己固有的规律自由发展，也无法有效地加以政策指导，使之为产业服务。在科学发展的这样一个新时期，由于仪器设备支出比重增加，有必要在有组织的协作中雇用更多的专业人士，这样一来科学经费肯定要比先前大大增加。可是，英国目前所提供的科研资助显然已不能满足科学事业的内在需要。也就是说，在西方，社会的需要既不容许科学照老样子继续下去，但又不能有效地帮助它另辟蹊径。

与此同时，在社会主义苏联则出现了很不一样的局面。在沙俄时期，随着资本主义发展，科学的重要性已经不知不觉地有所增加，但那时这种重要性并没有得到普遍承认。1917年苏联革命以后，科学事业开始蓬勃地发展起来。科学在马克思主义理论中一直占有重要地位。培根的理想——利用科学为人类谋幸福——的确是马克思主义的建设理论的一个指导原则。马克思主义强调，应当把科学直接用于服务人民，而不是用于攫取利润。

沙俄时期的科学，力量极为薄弱，世界大战和国内战争又雪上加霜。此后，尽管面临巨大艰难，科学在苏联的重要性仍在继续增强。1927年实施第一个五年计划的时候，苏联开始把科学事业大规模、有效地组织起来，并作为改善国内民生状况的伟大运动的组成部分。从此以后，苏联的科学事业不论在人数和经费上，都有了持续不断的迅速增长。它完全没有像西方国家那样，科学的进展深受经济萧条的影响。

当然，不能期望苏联科学事业在短时间迅速取得巨大成效，它需要多年的努力，甚至需要数代人的共同努力才能成熟。事实上，苏联科学要超过德国或英国还得经过相当长的一段时间。不过，它已有的成绩足以证明，由政府来组织、统筹科学为人类服务的新道路，为苏联科学事业提高自身水平和影响力开辟了广阔前景，这是目前西方国家科学和工业的脆弱而混乱的体系所望尘莫及的。

2. 大学中的科学教育：现状与问题

科学教育在大学中究竟应该占据什么地位？传统上，非文即理，不学文科，就学科学。学科学，目的又是为何？很多人心目中所炫耀的纯科学的理想，实际上不过是画地为牢，把科学孤立起来，使它同人类文化的一切其他方面都隔绝开来，这样一来也就使得科学教育完全变成技能训练，科学教育在大学中沦为谋生工具而已。

这样的科学教育，其成效就是，英国大学每100名理科毕业生中，大约有60名成为中学教师，他们只要简单地把自己所学的知识向后辈复述一遍就可以了；约有30名进入企业或政府机关，他们的日常工作，基本上与他们在大学所学知识没什么关系；约有3名则继续在大学任教；约有2名成为职业科研工作者。他们不得不吃力地去摆脱在大学里所学到的过时知识。

牛津大学和剑桥大学也不例外。尽管有严格的入学审核制度，但进入大学仍然主要是一个财力问题，而不是才能问题。这意味着，在理科课程中，即使是优等生，也得从极浅易的水平开始，甚至于一般大学理科课程的头两年，所学内容相当于中学高年级的水平。一些老牌大学，奖学金领取标准也并没有体现出优等学生的水平。这样，那些优秀的理科学生完全可以把头两年的功课置之脑后，而热衷于社团活动。

各大学推行的教学方式有点类似中世纪大学的模式。过去配备讲师专门向学生详细讲解亚里士多德或盖仑的晦涩文字是有某些理由的。所有这一切都已成过去，可是这个教学方法却传承了下来，而且还从老牌大学推广到现代大学，甚至也推广到技术学校。一个学期中几乎每天的上午，都用于聆听科学讲演，这是毫无意义的，既违背时代特性，也浪费学子时间。我并不是说讲演毫无用处，不过可以用其他方式达到同样效果。科学讲演应是对讲题的一种有感受的、概括的评述，其目的在于通过详细论述目前达到的前沿进展，并通过把科学技术和社会密切联系起来，启发学生兴趣并激发他们深思而不是泛泛而论陈旧的知识体系。达到这种水平的讲演必然是很少的，虽然它对考试用处不大。其实，除了由大学中来访的著名科学家偶尔发表一些讲演的方式，不如采取向科学社团宣读论文的方式，或举办拥有更多讨论机会的小型辅导班来取代这种科学讲演，效果应该会更好。

另一个极端是照本宣科，对所有内容都进行周密而有条理的论述。这种讲课往往沉闷得让人喘不过气，不过却极受重视，因为好好记下笔记就能应付考试。这种情况，还不如直接分发打印好的讲稿，上面包含一切必要的数据、公式和论点，这其实就是一份教科书的摘要。在那些发展迅速的学科中，讲稿确实能代替尚未问世的教科书。科学知识，是日新月异的，大学的科学教育模式也需要跟得上时代。

目前英国各大学都处于财源拮据的窘境。要想提高当下科学教育水准，要么增加合格教师，多设置科学课程以适应不同能力、未来打算从事不同职业的学生的需要；要么提高入学标准，只录取优秀的学生。但是，前者会增加开支，后者会减少收入。在我们想清楚大学科学教育的真正目的究竟是什么之前，我们可能还是不得不忍受目前的教育制度。

还有一个问题就是专业化，也就是大学分系过多。19世纪，当科学在大学中首次出现时，它叫作自然科学，不久就划分为物理学、化学、生物学等。各个学科大多是分别讲授而且互不通气的。由于缺乏协调，往往以相互矛盾的方式把两个学科的共有内容重复两遍以上。每一学科或多或少地都成为封闭的知识体系。这就使各科课程变得十分陈旧，考试制度的机械刻板显然又强化了这一点。这就与飞速变化中的现代世界格格不入。

就课程内容而言，所有学科的课程都时而扩大、时而紧缩，令人难以适应。在把新知识加入课程之前，往往要等待相当的时间，理由是"这个理论还有争论，以后可能还要修正"。可是，各学科的较老部分更有必要加以彻底的修正。为了方便，当有新知识时，就把它加在教学大纲的后面，整个过程就像老农穿新衣，每年把一条新外套穿在旧的外面，结果所有的课程都成为新老内容的大杂烩，其中充满自相矛盾的论点，教师只含糊地一带而过，学生则很少能看出其矛盾之处。例如，化学教学的基本内容，到现在还是1784年的化学大革命及1808年的原子论。是否可以结合量子论与现代物理学的进展，让学生对化学现象具有一些更全面的认识呢？也许，我们还得再等50年，才会迎来一位有进取心和远见的化学教授，取代这陈旧、落伍的课程。物理学科的情况也好不了多少。伦敦大学的教学大纲，大部分内容都是19世纪末的原理，顺便提一下X射线和无线电放射现象，对整个20世纪现代物理学的进展都未曾涉及。

当然，大学并不是存心要维系过时的课程内容，只是出于一种十分自然的惰性，像大学生活的许多其他方面一样，弊病主要也应归咎于考试制度。教师和学生出于狭隘的眼前利益，期望考试提纲至少能在若干年内保持不变，以便收集足够数量的标准考题，据此训练或辅导应考者。若改变考试提纲和采用新的考题会加重考生负担。这是考试制度的内在缺陷。

这样的考试，并不能评估应考者是否具有科学才能。而我们需要了解的是，应考者是否善于发现问题，是否具有观察力，是否能够把新现象有条理地加以归纳推理，若以参与科研作为考试办法的话，或许更可靠、更理想。当然，有时很难界定，优异的应试成绩是应试者的才能，还是偶然的考场表现。目前的考试方法是用于大学博士学位审查的。论文审查委员会往往对论文的内容一窍不通，那些委员在令人昏昏欲睡的夏日午后，道貌岸然、年复一年地摆出一副权威姿态，表决同意授予学位或接受一笔学费。在形式上，博士学位是因为个人科研成绩而授予的，可你要是说这能代表其真实科研能力，那就成了笑话。

考试制度的弊病并不在于考试本身或成绩的公允，真正优秀的学子当然会顺利通过考试。问题在于考试制度所导致的大学教育生态。大学若成为富家子弟挥霍轻狂岁月的场所，考试当然就会被蔑视。一个年轻人，事业与理想的实现若就取决于他一连串考试中的成绩，考试就没有起到教育的功能。一个贫寒子弟，贸然参加考试是危险的，他们有可能在刚刚开始对科学发生兴趣的最好时刻，因为考试而对科学研究敬而远之或意兴索然。也许正因为如此，我们看到很多学生在学习开始之时比结束之时更具有纯然和开朗的见解。从这个意义上说，大学的教育价值，可能有正面的育人，也可能有负面的误人。

我想特别谈谈大学的医学教育。在整个大学的科学教育中，医学教育占有特殊地位。由于历史和社会的原因，医学教育一直游离在科学教育之外。医学可谓是各门科学的"老大"，更加完整地保存着中世纪传统。医学教育的目的是训练出世代相承的医生阶层，医科学生因此便本能地与其他同学保持距离。我感到，这不是一种好的训练，它比较容易忽视对于"人"本身的关心或对于健康等基本问题的研究。

另外，它没有把医学当作一门科学来传授，而是当作一种传统的、神秘的技术。年轻医科学生在基础阶段所学的物理学、化学和生物学，完全剥离了科学方法和科学思想，大多数医科学生只是照本例行公事，他们并不能意识到这些知识与他们职业的关系。至于到了临床阶段，那基本上就完全脱离科学的领域了。

3. 科学与公众

不仅职业科学家会关注科学，成千上万的普通民众也会对科学怀有一定程度的兴趣。大量的科学普及读物，其数量远远比专业科学文献更为丰富。不过，正如通俗音乐迥异于古典音乐一样，大众科学也完全不等同于科学。媒体往往以耸人听闻的方式转载了一些关于科学成果的消息，但这些消息却是支离破碎的，甚至有违科学常识、科学方法和科学精神。英国媒体向来不重视科学报道，甚至缺乏科学编辑，因此所报道内容要么耸人听闻、要么神秘暧昧，除了使人一时感到新鲜之外，很难令人对之产生智力上的兴趣，更无益于科学知识的增进。

科学与公众的关系，应该体现在双方是否能够有意识地在思想观念层面产生相互影响。现代英国人虽对科学有相当大的兴趣，但这种兴趣却没有为科学发展提供充分的社会文化土壤。几个世纪前，当科学还只是少部分人士的兴趣时，科学思想和社会公众之间曾存在互相交流，现在却没有了这种互动。人们观看球赛或者赛马的时候，展现出一种全神贯注和训练有素的欣赏能力，而对于科学，则并没有表现出这种素养。这不能仅仅归因于：关于科学的幻想不能引起人们的赌博兴趣，或科学知识本身艰深晦涩。的确，关于科学论战的话题很难让人感到津津有味。我期盼，要是民众真对科学感兴趣的话，就会出现，公众将赌注压在某个教授的假说上，以反对另一个教授的理论，那该是多么有趣呀！

毫无疑问，科学若脱离了公众，其结果对双方都极为不利。对公众之所以不利是因为，公众可能逐渐地越来越不认识制约着自己社会生活的机制。要知道，在自然灾难面前，那些一筹莫展、一无所知的蛮荒人，与今天面对科技进步所引起的失业或战争等人为灾难的无能为力、不知所措的现代人，是没有多大差别的。他们都在面对灾难，而又无法理解灾难。这样一来，人们只好求助于想象或神秘的启示。我们原以为，占星术和招魂术早在中世纪末就寿终正寝了，居然现在又复活了。这绝不是偶然的。法西斯主义思想也正在迷惑公众，这将更加危险。这足以说明公众是愚昧与无知的，而一个现代社会是多么需要科学信仰啊！

科学与公众的疏离，对科学也是很不利的。科学家需要让公众明白，科学家在做些什么，这些工作对人类社会有什么积极意义，否则就不可能期望公众理解、支持科学家的工作并提供必要资源，来换取科学事业进展可能为人类带来的福祉。更微妙的是，如果没有公众的理解、兴趣、关注和批评的话，科学家就有可能失去社会文化土壤而越来越趋于孤独。这种孤独并不是说，科学家成为一个超凡脱俗的人，唯有依赖红颜知己的帮助才能勉强活下去。

我所隐忧的孤独，是科学的孤独而不是科学家的孤独。一名职业科学家若撇开了他的专业，他可能还是一个普通人，一个忠诚的丈夫和慈爱的父亲，打球、烹饪，他并不孤独。但要知道，他的社会角色，也就是自己的"本行"，是职业科学家。我所说的孤独，就表现在，他除了向少数同行透露一二之外，无人可与说。受过高等教育的人几乎都对科学一无所知，职业科学家对自己专业以外的一切其他学科，难以发表意见。在社交场合，几乎听不到任何以科学为题材的有趣对话或交流，即使在座的人大多数是职业科学家。这就是我说的孤独，这是不正常的现象。

当年伏尔泰和夏特勒夫人在家宴中进行哲学对话时，或者当年轻的雪莱以同样的热情讨论化学和道德时，场景肯定不是这样的。再加之科学过于专业化的种种弊端，科学脱离社会文化的孤独情势就显得更为严重了。

与此同时，更糟糕的还有这样一种情况。把一些具体的科学理论，不加任何鉴别与解析地向社会推广，却剥离了这些理论的背景、概念内涵、有效性范围等必要的说明，这显然是不智的，这无异于当代的偏见和迷信。其后果往往反映在科普读物中。

虽然公众既缺乏训练又缺乏兴趣，因而无法全面理解科学理论的意义，但他们还是愿意为科学成就喝彩，特别是那些高大上的科学理论。公众也愿意去听那些名人的演讲，从而让自己一些似是而非的看法，被赋予权威的加持。

于是，我们看到荒诞不经的现象是，相对论和宇宙起源之类的问题本来是极其艰深难懂的，却被认为适宜向公众传播，且在向公众传播和普及过程中不着力去做专业性解析，而是论证人类之无能和愚昧，以及造物者的福佑和智慧；与此同时，量子论等更有意义、更有实际重要性的科学理论却很少受到关注。

其结果不仅加深了科学与公众之间的鸿沟，而且也加深了职业科学家和科普读物之间的鸿沟。职业科学家对宇宙和生命起源或者生物进化等问题的态度，与科普书籍所发表的意见截然不同。大部分职业科学家不愿意去做进一步的澄清，因为他们明白，传播、普及这些专业观点，比传播那些公众易于接受、愿意接受的观点困难得多。其结果当然就是社会公众自以为学到了科学，却浑然不知是一种高级迷信而已。而那些真正从事实际工作的主流职业科学家却对此不屑一顾，他们反而因为公众的无知迷信，而沾沾自喜。

造成这种可悲的局面，当然有很多原因。一定意义上说，科学和公众的实际疏远在于学科专业化，科学正是因此失去了它的"民间性"，公众也因此失去了更多的科学兴趣。科学的迅猛发展和惊人的产出态势，令人难以驾驭，这进一步迫使科学家各自回归其固有专业。大家都本能地相信，任何一个人凭借自己的智力不可能掌握全部知识。实际上，这个信条所表达的问题是，诠释和传播科学知识的方法还跟不上知识产出的速度。可是我相信，一个合理的科学出版体系应该完全有可能使每一个受过良好教育的人对科学领域的全貌有足够深入的了解，从而使自己能完整理解任何一个科学学科发展所具有的意义。而目前之所以做不到这一点，是因为科学话语的暧昧和科学出版物的混乱。

对科学缺乏正确认识的现象还不限于社会公众，在行政管理人员中也特别严重，这是非常危险的。全社会这种"前科学"的态度，使我们无法从科学中获得我们本来可以得到的进步。人们往往不善于以科学的方式去思考，不去想有哪些比较重要的普遍性因素在影响人类的未来，甚至也不主动去收集这种科学分析所必需的基本资料。1934年的一份报告曾对这一情况做了生动的描述：

> 一种新的文明正在形成。这种文明要求我们动员巨大的知识资源，以便使其运转自如而不至于经常发生令人痛苦的故障。但我们既不具备必需的知识，也尚未做出充分的努力以获取这种知识。我们对新知识的态度和观念，仍然受到科技昌明以前那个时代的偏见和设定的影响。长期以来，只有少数人在孤军奋战。但少数人的点滴研究是搞不出名堂的，

也很难对社会有所贡献。关键还不在于是否缺乏仪器设备，问题要比这深刻得多。公众需要认识到，科技不仅能提供电力、通信、运输、新材料等，也能够同样丰富地创造出十分急需的社会产品、政治产品和经济产品。虽然，第一流的科学思想或方法可能是一个天才或疯子在阁楼里完成的，但其社会应用需要得到社会公众的认同、赏识、支持和推动。社会公众也理应为接受新知识、新思想、新方法和新技术做好准备。但我们的政府、社会与公众似乎还没有自觉意识到这一点。

不过，公众和政府都把科学置于脑后，这绝不是偶然的。这种对待科学的态度，是与我们的社会制度和体制分不开的。科学和社会的关系体现在两个方面：一方面，社会的进步，需要科学提供动力和支持；另一方面，新的科学一定会创造新的需要，并且一定会形成社会改造的批判性力量，这种作用要比原先社会期待它的更加强大，而且属性完全不一样。

17世纪开始的科学革命，在18世纪便成为批判旧的经济政治体制的强有力工具。这个矛盾在今天更加清晰。一旦社会对于科学的伟大成果、对于科学在人类面前所展现的未来前景、对于科学方法的批判性力量有了普遍认识，那一定会产生巨大的社会和政治意义。而社会中那些反对这种变革力量的旧势力，一定会设法使科学不超出原来的界限，他们预设科学应该是一个有用的仆人而不是新主人。

所以，我认为，科学同时受到了内在的推动和外在的压制。在现在的德国可以清楚地看到一种矛盾现象：一方面，需要科学来为一个专制主义的国家经济奠定基础，建立一种无敌的军事力量；另一方面，科学又被痛斥为文化布尔什维克主义的潜在来源。

关于科学家在社会中应当发挥的作用，存在一些针锋相对的观点。一种观点认为科学家仍然被允许存在，只要他完成本职工作而且不介入政治，他就可以取得豁免权。另一种相反意见则嘲笑这种经过挑选的文化保护人，因为他们都屈从迷信和暴力而辜负了社会对他们的信任和期待。身处今天的世界，职业科学家需要做出痛苦的选择。不过，无论怎样，从长远来看任何一个社会只有完整理解科学的意义并加以认同和接受，科学才能在其中真正发挥其全部功能。

4. 科学职业的目的与"纯科学"理想的幻灭

我们可以认为，科学作为一种职业，具有三个彼此互不排斥的目的：使科学家得到乐趣并且满足自身天生的好奇心、发现外部世界并对其规律有全面的认识、利用这种认识来解决人类社会的问题并增进人类福祉。我们可以把这三个层面分别称为科学的心理目的、理性目的和社会目的。社会目的，将要在后面专门讨论，这里仅谈谈前两个目的。

虽然在严格的意义上，不可能透过科学的心理目的来评估科学事业的效率。但是，由于心理享受在科学研究活动中起着非常重要的作用，因此，讨论科学事业的总效率，也应该包括这种职业科学家心理层面的收益。不可否认，对于愿意从事科研工作的人来说，这种工作是令人极为愉悦的。不过这并不是科学事业所特有的一种乐趣。在几乎一切职业中，都存在着训练好奇心的机会。人类这种好奇心在本质上并无什么不同。科学能发展到目前的规模，并不说明天生有好奇心的人的数目一直在增加，而是说明人们认识到科学可以给资助者带来收益。可以这样说，科学职业源于好奇心，科学事业需要好奇心，但好奇心本身并不就是科学。

透过心理目的来为科学辩护，其实是比较近期的认识。更早的时候，人们往往倾向认为，科学是对上帝的赞颂，或科学可以造福人类。这些说法与承认心理愉悦在科学研究中的意义，并不矛盾，只是听起来似乎把科学与宗教信仰和社会功利联系了起来，而信仰和功利在当时也被认为是符合人类社会终极目的的。17世纪以来，科学家们大多倾向于坚持科学的务实导向，一方面是因为他们能发现科学的潜力，另一方面是他们深感科学需要社会的支持，而只有明确科学的实用价值才有可能获得这种支持，否则总有一些宗教人士讥笑科学家从事空虚和无益的幻想。

当然，这样讲并非是说，科学家们从事科学研究只为了虚伪地讨好社会。事实上，科学家们总是真诚地相信，科学一定是有益社会的，且不会被用于实现任何其他非正当目的。

早期的这一信念在19世纪开始动摇了。因为，当时已经明显看出，科学可以被用于而且正被用于不正当的目的。因此，早期的信念，就被所谓"纯科学"的理想所取代。这种理想认为，从事科学应单单为了科学本身，而不应谋求社会应用或个人报酬。赫胥黎（Thomas Herry Huxley）曾这样描绘维多利亚时代科学家的这种新认识：

> 科学史告诉我们，那些热衷探究自然奥秘的天才们，从

来都不是因为科学的实际利益吸引他们从事研究,也根本不存在实际利益。能够促使他们鼓起勇气去经受辛劳并付出牺牲的推动力,是他们对知识的热爱以及发现世界本源的欢乐,那种把科学领域不断推向终极的无穷大和无穷小的愉悦感。个人的有限生命如此便可以徜徉在世界的宏观和微观这两极之间。在此过程中,更常见的是无心地发现一些被证明有实用价值的事物。由此而受惠的人自然十分兴奋,科学一时成为大家的财神。但不要忘记,这只是科学的副产品。当社会为科学制造财富而欢呼雀跃的时候,科学早已远远奔赴那无限的未知海洋中了。我们从来也不会蔑视科学带来的实际成果,以及科学对物质世界的有益作用,但我们必须承认,探究世界的伟大思想和道德精神,才构成了科学的真正价值和永恒意义。这些思想正如我所相信的那样,注定会随着岁月荏苒而越来越坚固,那种精神正如我相信的那样,注定要遍及人类社会的一切领域,而且会随着科学疆域的扩张而延展。未来,当我们的民族逐渐接近成熟的时候,正如我所相信的那样,注定会发现这世上仅仅存在一种知识,并且也只有一种方法来获取它。如此,今天我们这些人就可以心安理得地感到我们的职责就是增进知识,从而引领我们自己和后人走向人类未来的终极目标。

虽说,我们不应该把一个偏重应用的科学家看成生意人,可是由于坚持为科学而科学，那些"纯科学家"因此就抛弃了自己的职业工作所凭借的世俗的物质基础。

但第一次世界大战后，普遍弥漫一种理想的幻灭感，"纯科学"的观念也开始褪色了，很多人把科学当作一种逃避现实的方法。他们沮丧地自嘲，所谓的追求知识，只是把童年的好奇心延续到成人生活中去而已。有位学者曾这样说：

> 我必须承认，直到不久以前，我也曾十分严肃地看待科学，这被花哨地称为"追求真理"。我也一直把"追求真理"看作是最高尚的人类活动，把"追求真理者"看作是最高贵的人。不过，大约到去年，我才看出这种"追求真理"只不过是一种娱乐、一种嗜好、一种生活代替物，而"追求真理者"的品性也变得和酒徒、商人、流浪汉一样愚蠢、幼稚和腐化。我感到，知识分子喜爱一种消遣，就是以简单、虚假和抽象，来代替复杂、真实和具体，所谓"追求真理"，只不过是这种消遣的一个雅号而已。但是，"追求真理"要比生活的艺术容易得多。正是由于这个原因，我才继续沉溺在阅读知识书籍和进行抽象概括的罪恶中。我反问自己，是否会有坚强的意志来摆脱自己这些懒惰的习惯，并把精力用于真实而完满的生活吗？我真的不知道。

之所以有这样的感受，是因为人们越来越认识到，科学现在的用途是使少数人发财致富而把大多数人毁掉。因此，唯一可以为科学辩护的理由就是，这是一种十分有趣的消遣。虽然很少有人承认，但其实在科学家当中，这是极为普遍的一种态度。从这个意义上说，科学变成一种有趣和惬意的消遣，以不同的方式吸引着不同的人。对一部分人来说，这是与未知事物进行游戏，人在其中只会获胜而不会失败。而对另一部分人来说，这是不同研究者之间的竞赛，看谁能够先得到大自然的奖赏。

科学的确具有所有游戏令人着迷的共性，但唯一的不同在于，科学的难题是来自于自然或不确定性，且并不是一定能够得到答案，即便有了答案，往往又会出现更多更难的挑战。这样来看的话，我们也不得不承认，虽然科学对于社会的回馈总体上是令人满意的，科学家工作条件的不易，特别容易使他们"游戏人生"。但把科学单纯看作是一种游戏的观点是危险的，因为游戏并不能带来永久的或充分的满足。科学家需要社会认同其职业的社会意义。一个伟大的艺术家不可能只是从晚会中得到满足，因为他无法容忍观众仅仅是把他看作一个街头表演者。

虽然目前的科学研究状况容易导致玩世不恭的人生态度，不过由于专业化分工，有些人抱着得过且过、尽力而为的态度。一位教授说过："每当我向窗外看，都是一片悲惨混乱的景象，以致我宁愿埋头工作，尽量忘掉那些非自己所愿、非自己可为的事情。"甚至有些人完全承认，科学本就一无所用，他们觉得科学只不过是文明社会的装饰物而已，毫无实际意义。

我罗列以上这些观点，无非是想说明，在历史上以及当代，职业科学家对于科学的目的与科学的社会意义，存在着不同的认识和理念。但不管科学家怎样想，我们必须明白，世界上绝没有任何社会制度愿意支持科学事业仅仅为了让科学家消遣或游戏一场。与任何其他人类活动一样，要想前行，科学也得证明自己对社会的潜能并对社会有所奉献，虽然这奉献不一定总是采取纯粹的物质形态。科学的思想价值以及科学对社会道德和政治的影响，也应该被考虑在内。

5. 科学事业的效率与危机

科学的社会功能，是本书的中心问题。在对这个问题暂不预设标准回答的情况下，我想先来谈谈科学事业的效率。也就是先提问：目前的科学事业究竟效率如何？科学研究的产出，是不是现有各种资源投入所取得的最佳成果？我想其实并不难判断，目前的科学事业效率极为低下，既缺乏组织，又缺乏协调。职业科学家的大部分工作都被浪费了。

科学事业的低下效率，主要出于两个方面。首先当然是资金投入完全不足，这一点当然是老生常谈了。其次便是糟糕的组织形式。由于缺乏组织，有限资金中的很大一部分被浪费了。科学家们或许认为这后一句话有点刺耳。他们觉得，即便如此，也不应该公开说出来。因为科学界目前获得的那一点点资金，也来之不易，一旦人们怀疑科学家浪费了纳税人的钱，连有限的那么点经费也争取不到了。

不过，我觉得，这种有意回避科学事业效率低下的心态，是自欺欺人，从长远来看肯定是对科学事业发展不利的。无论怎样小心地掩盖，总无法限制人们合理的怀疑与监督，资助者和普通公众本就有这方面的权利与责任。对科学来说，刻意隐瞒实情而造成的损失，要比坦然公开事实并接受批评严重得多。因为那样的话，社会将不再信任科学与职业科学家，只能是江湖骗子得利。更为重要的是，如果没有一个真正有效的组织形态，职业科学家就永远也不可能赢得应有的赏识以及发展科学事业所急需的更多经费支持。

造成目前科学事业效率低下的原因在于，具体科学活动本是个体自发地发展起来的，不太可能在事前就提前规划好。统筹科学活动的组织，往往是随着科学事业的社会化而成形，它总是比科学实践活动晚一步，这是人类活动普遍的规律。由于科学事业的特殊性，这个问题就变得更加严重。我们知道，科学家个人的兴趣各不相同，他们的兴趣与行政部门的兴趣也大不相同。科学家们本能地不愿意用专业工作时间去思考有关组织的问题，因而这些事情大多交给那些位阶低微的官员或年龄资深但远离科学前沿研究的科学家们所组成的委员会。但是，这些人能够高效地组织科学研究吗？

效率的低下，与其说是表现在深度上不如说是广度上。就某些具体的、个体化的工作而言，似乎效率相对还不错，但就科学事业整体而言，普遍存在效率低下的严重状况。我们不得不这样说，由于科学事业的实际发展速度太快，以致受到了自身的干扰和阻碍。这主要体现在各学科之间的关系上,而不是某一个学科的问题。也就是说,整个科学事业缺乏协调。

各科学机构的效率不高和组织不完善,是问题的一方面,但另一方面,更严重的是,不同的科学机构之间和职业科学家个人之间普遍缺乏协调。也就是说,科学事业的组织和协调,一直处于非常原始的水平,远远不能适应科学研究活动飞速发展的需要。传统上,科学界一直把专业学会作为自己的唯一组织形式。在17世纪科学发展的初期,这些学会的确起到了非常重要的作用,但已完全不足以应对今天事关科学发展的诸多问题。学会的主要缺点在于,它是一个松散的志愿性组织,每个会员的行为享有完全的自由。他们不约而同聚在一起,是因为相比于私人通信,这样更便于相互启发讨论和交流论文。

在科学史上,这种学会的成立,的确是浓墨重彩的一笔,可称之为革命性的事件,曾一度引起了亢奋的狂热与激烈的反对。但这种由富裕悠闲的绅士们自愿组成科学学会的办法,不再能满足现代科学发展的组织化需求了。职业科学家看起来很自由,但实际上他们对自己工作成果的最后去向,是茫然无力的,甚至政府有关部门也对科学工作的最后成果一无所知。

事实上,无论是对科学家来说,还是对政府来说,现有的科学学会已无法为科学事业提供必要的组织支撑,更谈不上主动为科学发展提供规划了,它们几乎变成了纯粹的出版机构和荣誉性团体。

我不否认，任何领域的个体科学家一般私下都有交情，可以彼此自由交流并讨论各自的工作，似乎并不需要任何组织或协调。这种自发性互动无疑有其优点，即避免了僵硬的程序和官僚主义的机械，但这只是点缀和补充，无法成为现代科学应有的组织形式。与此同时，这种非组织化的、非正规化的交流过程也容易产生十分严重的弊端，例如，它无法限制科学家对优先权的争夺。这种行为当然与商界或政界的争权夺利不可同日而语。但科学家们难免明争暗斗，有个人之间的，也有不同科学部门之间的，为了头衔和名气争功过是非。科学界的有限经费无法满足所有人的需要，大家为了争夺经费的幕后竞争就成为常态。所有这些一般都是秘密进行的，因而竞争更为激烈。为了从政府部门或者潜在的金主那里获得经费，科学家们不知花费了多少精力，这些精力如果组织得有序的话，就足以形成积极的力量，既能保证充裕的科学经费，又避免无序的竞争，从而提高科学事业的效率。但由于缺乏这样的组织制度，我们看到的就只有重复、浪费、无序和低效。

不仅如此，更关键的是，科学界对于改变此类状况缺乏强烈而自觉的动力，所以，这种现象就变得越来越糟糕了。虽然在某一个学科内可以取得相当的成就，但在各学科之间就很困难了。不同学科之间几乎互不通气，不同科学学会的会员之间见面的机会要比同一学会会员少很多。由于学科的专业化程度不断提升，不同学科的科学家即使见面，谈话的话题也可能完全和科学无关。

也许有人觉得大学的情况比较乐观。但实际上，大学里院系之间的猜忌与隔膜也是普遍存在的。一位物理学教授对另一个国家物理实验室的了解，可能远远超过他对同一所大学的化学实验室的了解。其结果就是，人们对各个学科相互之间的关联的认识大大落后了。例如，25年来，化学家一直未曾意识到，物理学和结晶学的进步已完全彻底改变了化学学科的基础结构。数学家们也没有认识到，生物学研究最新进展为他们提供了极其肥沃的土壤。这种现象导致的后果就是，那些正需要大力发展的交叉和边缘学科，被迫停滞了。每一门传统学科都挖空心思地找寻属于自己的经费和人才，但在学科之外和学科之间并不具备这些先天的便利条件，即使有了点滴的科学发现，也难以乘胜追击。

这样一来，那些科学界的新人就面临更多困境，因为他们更多地要面临资源匮乏不足的问题。人们并没有意识到，资源缺乏会对科学发展的进度产生什么影响。仪器和设备的确不能产生科学，但若缺失这些基础条件，科学就会发育不良。现实的悲剧在于，一个优秀新人，在其工作尚未取得一定成果从而引起足够关注的时候，总是缺乏必要的研究资源和条件，只有在他们多年付出并有所成就后，才有机会发挥自己的更多才能，可这个时候往往他们的创造力已经开始衰退。的确，具备创造才能和坚定意志的人，即便在不良的物质条件下也能做出杰出成绩，像法拉第（Michael Faraday）和巴斯德（Louis Pasteur）那样，但那是特殊个案，即使如此，往往也还是使得本应有的科学进展推迟了许久，且在这个过程中，无数本有前途的科学新人丧失信心，退出了职业科学家这个行当。这也是目前科学事业缺乏组织和协调的一个表现和后果。

各学科之间缺乏必要的联系和充分互动，也着实耽误了各学科内部的发展。显然，若积极而有组织地吸纳物理学的新技术，本可使所有的化学分析和合成过程都大大缩短。按正常的发展进程，这种改进可能需要10～50年，可是到那个时候，这些物理学新技术可能早已过时了。这意味着，目前化学研究上的很大一部分时间和金钱，完全是浪费。

如果有人批评科学事业组织不善，总会被反驳说：在科研管理部门中担任高级职位的、有崇高科学成就的那些德高望重的人，是可以保障科学工作的效率的。所有行业中，"老人"统治的得失，历来是一个值得争论的话题。一方面，"老人"富有经验、相对无私，这些优点可以保证既有传统的延续，且能避免鲁莽行为和过分的自我吹嘘。但另一方面，"老人"因循守旧、缺乏敏锐、与前沿脱节，也是实实在在的缺点。要知道，科学是发现新事物并创造新世界，显然在科学工作中，进取创新比经验更重要。因此，在科学领域中，"老人"的缺点比其他领域更突显。在过去50年中，科学的基本概念有了极为迅速的发展，这让很多资深的科学家感到有点不知所措，更不用说发展自己的本学科了。可是科学事业的全部组织形式几乎原封不动，而且重要的管理权依然是掌控在那些老一辈的手中。的确，我相信，他们是有提携后进的眼光的，不过"近亲"和"门户"总是容易产生流弊，而且这无论如何都与科学事业的属性不相称。实际科研工作中，无论老一辈的声望是多么高，职业同行要比他们中的任何人更能判断一个青年科学工作者的才能。老一辈在科学事务上的盛名毋庸置疑，但这往往意味着缺乏前瞻而开阔的视野，又进一步导致依赖老一辈统治的主管科学事务的政府机构在事关科学事业的更长远问题上，缺乏全面理解和主动作为。

既然如此，还有必要重组科学事业吗？正是由于"老人"统治科学事业的危险性，有人干脆就反对科学事业的任何组织化模式。科学事业目前的无序状态，为摆脱令人生厌的独断统治提供了绝佳理由。当然也有人认为，正因为如此，才更需要把科学工作有效地组织起来。不过，与其说是有人反对把科学事业组织起来，不如说是反对现有的组织模式的弊端。任何一种科学事业的新组织模式，既要充满活力又应富有成效，且必须贯彻民主原则，因为这个原则能保证所有职业科学家都能积极主动并充分地参与科学事务的管理工作。

我强烈主张，目前的科学事业需要进一步加以组织、协调，但许多职业科学家强烈反对。他们总是觉得，维持现状就最好，并用职业科学家所享受的传统自由来为自己的主张辩护。所谓传统自由就是说，每个人都可以自行决定去发现什么，去判断采用什么方法才能有所发现，采取何种研究手段，以及如何决定研究时间和研究资源的分配。但我想说的是，这只不过是一种想当然的理想状态，在目前的社会状况下，这些条件已经不复存在了。

糟糕的组织与协调工作导致科学事业效率低下，而这显然对科学进步造成很大伤害，也毫无疑问阻碍了科学的进一步发展。科学家孜孜不倦地工作，科学有了很大进展，科学应用和科学发明也接踵而来。这些都是公众看得见的成绩。然而他们看不到的是，科学事业进展的速度本来可以更快，且实现这一速度根本用不了那么多时间和人力的投入。目前已有的科学成就，使公众与科学家都忽略了这些成就背后所浪费的精力和资源。

公众往往容易高估已有的科学成就，但我想提醒大家注意，第一，探索自然世界规律是充满乐趣的工作，加之科学工作看起来似乎与世无争，所以，科学事业的确吸引了一大批优秀而卓越的人，这些人的固有才华容易放大科学成就的光环。第二，职业科学研究并没有公众所想象得那么高不可攀，一旦人们学会了其方法、进路和语言，取得进展是可期待的事。对于大部分科研工作者来说，只需要起码的手脚灵活，加上勤奋和诚实就行了。换句话说，常规的科学工作有点像是阿拉丁神灯，只要密码说对，要什么就有什么。所以，科学发现的成果很容易掩盖实际工作中的效率低下。第三，人们很自然地会把今天科学事业的效率与其他的人类活动相比较，这样就会觉得，科学事业的效率似乎并不太差，因为大体上，科学界较少拥有经济政治生活中惯常的弊病，包括投机、垄断、欺诈和贪污等。

很多人觉得，科学事业的低效，只不过从某方面反映了现行社会经济制度的低效而已，值得惊奇的也许并不是科研工作效率低下，反而是它居然可以搞得如此出色而有效，换言之，科学事业已经达到了在这个低效的社会制度中所能达到的最佳状态了。这种辩护或许有一定的合理性，但我仍然觉得，让那些才华横溢的科学家浪费岁月，难道不是一种更大的损失吗？这对于社会来说，难道是可以视而不见、事不关己的吗？我深感，科学正处于危机之中。

人们也许要问，在这样一个糟糕的世界中，科学的境地也同大多数人类活动一样，那么为什么我们要对科学如此苛求或期待科学被额外呵护呢？理由就是，科学是人类社会独一无二的特殊事业。它理所当然地被赋予特殊的期盼，理所当然地应得到特殊的支持。人类要征服贫穷和疾病有赖于科学的不断进展，一切深刻变革人类社会的途径也都依赖科学的不断进展。但科学毕竟还是脆弱的,我们不知道它究竟能够承受多少摧残和伤害。历史上,我们一次次地看到科学的昌盛与科学的衰亡。这种循环随时还可能再发生。我想,不论科学事业本身还是人类社会都不能再去冒这种风险。

6. 关于科学的应用

我想谈谈科学的应用问题。人们都认为，把科学加以应用是理所当然的事，但人们从来没有认真地去考察科学是怎样被应用的。大多数科学家和门外汉都满足于官方的一个神话：职业科学家们取得科学成果以后，其中可以为人类应用的那一部分，自然而然地立马就会被富有进取心的发明家和企业家开发，并以廉价和便利的方式交给公众使用。任何人只要认真了解一下科学和工业的历史与现状，就会明白，这个神话是虚构的。

首先，我们来看看科学和技术之间的相互作用。科学与技术之间，应该说是，相互依存，不可或缺。若是科学不发展，技术就会老化，变成传统的工艺；若无技术的刺激，科学就是单纯卖弄学究的。不过，这并不等于说，科学与技术的这种结合是自觉或有效的。即使在当下，当科学应用的意义越来越被社会看重的时候，人们对其认识，还是以一种极其茫然和无效的方式。有人这样来刻画这个过程：

> 所有这些科学发现，就像是那些足月出生后被遗弃在门

口台阶上的科学婴儿，通通都被社会收留进来，并且以不同方式抚养，但是社会这样做，通常是茫然的，既不是根据任何已知的原则，也不是根据什么祖传指南。科学发明通常仅仅是在利润和消费者需求的推动下，在自由竞争的条件下'偶然问世'的，丝毫也不顾及是否有新需求或是否有新价值，也不顾及生产变动情况和就业变动情况以及社会效果。经济学家通常也不觉得有责任研究这个话题，他们无法提供一系列可操作的标准用以检验科学应用对社会的价值。

科学与技术活动、经济活动的关系可谓是既复杂又多变。比起传统的、经验的、具体的工匠技艺，科学作为人类理性的、思辨的、抽象的知识体系，产生得相对晚一些。人类对世界的认识，总是从简单到复杂。人类必须先满足自己的基本需求，可是这种基本需求却是复杂的。人类最初的技术进步是属于生物化学领域的食物烹调，以及属于动物心理学领域的狩猎和驯养。当时，要从科学知识层面上理解人类自己的所作所为是根本不可能的。实际上甚至到今天，原始巫术与科学，依然是并行的。

能够被人类理性加以理解的东西，必须是简单的。只有到了城市文明生活的较晚阶段，数学、力学和天文学等学科才开始出现，此时，人类生活的主要技术已经确立起来了。烹调、畜牧、农业、陶瓷、纺织和金属工艺已经处于相当发达的阶段了。在新的文明中，科学并没有显出比技术更实用的价值，到18世纪末叶为止，技术对科学的影响，远超科学对技术的影响。18世纪末叶是一个转折点。不久以后，化学的发展就开始影响印染和冶金等古老的传统技术。化学现象是比较容易认识的自然机制，只是到20世纪才有力地迈出了关键性的一步，也就是开始通过生物化学和遗传学来认识生命有机体，进而开始影响厨师和农民的古老传统技术。

要更深刻地理解科学与技术的关系，就需要对当代科学和技术之间相互作用的机制进行分析。这个过程必然受社会生产的条件，特别是经济条件的制约。目前除了苏联外，各国都是为了利润而进行社会生产，科学能否得到利用，主要取决于科学对利润的贡献。也就是说，目前的态势是，科学是"唯利是图"的，且只有在有利可图的情况下，科学才能得到应用。

科学对工业的渗透和应用是一个渐进的过程。旧式的传统工业都是个体作坊式小规模经营的，没有科学也可以搞得很好。只有当经济发展的规模达到一定程度的时候，科学才显得是必不可少的。于是科学测量和标准化就变得非常重要。虽然，看起来似乎那些旧生产方法并没有改变，却大量采用了各种新的科学仪器，如温度计、流速计、测量仪，等等。

由于扩大生产规模有困难，改变生产方法就显得有利可图。这就进入了一个新的阶段。人们可以称之为改良，也可以称之为偷工减料，这都是传统方法无法满足的。于是就有必要进行某种实验来取得经验。大规模实验可能要花很多钱，只能在实验室里进行小规模实验。事实上，科学实验的整个观念都来源于实验。要改进一种生产方法，就有必要从科学角度来理解它。冶金工业刚刚走出这个阶段，生物化学工业才开始进入这个阶段。这个阶段的存在，就说明一个相当复杂的现代工业实验室网络以及一个完整的实验科学体系的必要性。

在改进了工业生产过程以后，下一步显然就是要对这种过程完全加以控制，这又意味着需要一个真正胜任的科学理论。19世纪的伟大进步之一就是为化学提供了这样一个理论，使化学工业能够不再像冶金工业那样，依赖冒险和浪费向前发展，而是遵照科学的内在逻辑向前发展。这个过程实际上绝不是那么简单的。理论有时不能胜任，实践有时会跑在前面，需要理论迎头赶上。科学和技术就是这样相互促进的。例如，蒸汽机的发明，源于早在17世纪就已经确立的理论，但是蒸汽机的实际应用却带来那个理论意想不到的结果，尤其表明，先前的一些关于热属性的科学观念是不够完整的。一旦克服了这个缺陷，蒸汽机就得以大大改进，并促使人们发明了新的热力机。

科学原理的发现和首次实际应用之间一直存在巨大的时间差。在科学发展的初期阶段，这种时间差可以被看作是不可避免的。因此，对于首次发现真空现象到把它应用于蒸汽机存在几乎100年的时间差，我们就没必要感到惊讶了。可是在人们已经充分认识到科学的功用的时候，这种时间差仍然继续存在。法拉第在1831年就发现了电磁感应原理，而且制成了首台发电机，利用机械能来产生电流。但是直到50年后，第一台商用发电机才开始运转，而且直到1881年，爱迪生才建成了第一台公用供电站。这种情况至今依然存在。冯·劳厄（Max von Laue）在1912年首次揭示了利用X射线分析物质的可能性，但现在还没有应用于工业。要了解造成这个时间差的原因，是一个包括科学、技术及经济因素在内的十分棘手的问题。在不同情况下，这种时间差也并不是完全一致的。有时候，某种发现或发明几乎马上就得到应用并迅速被推广，火药和印刷术便是如此。

我们当然也可以把造成这种时间差的科学和技术层面的原因迅速消除掉。例如，我们一般都不认为X射线和无线电是在人们首次注意到了这些现象的18世纪发现的，而认为它们是在一个世纪后已经在科学界取得明确地位的时候才发现的。技术层面的解释可能更为棘手。实验室的发现转化为实际应用，需要扩大规模和耗费更大力气，而且只有当人们能够找到改变规模所需要的不同性能的材料时，才能有效地实现这种转变。因此，虽然高压蒸汽机的原理比真空蒸汽机更为简单，但不得不在100年后才制造出来，因为可用的金属经受不起高压。技术困难并不总是一个限制因素。有时，技术困难可以通过消耗金钱和时间来解决。经济因素或许才是科学成果迟迟得不到及时应用的重要原因。

在这个问题上，各种非技术因素中最有力的显然是经济因素。还有一些社会政治因素，都可能延误或妨碍技术的革新与进步，如狭隘的民族主义、有缺陷的专利制度、保守的司法判例、特许制度，以及垄断集团为了自身利益而故意的人为干涉。

以上所讨论的大多数都是有碍于科学成果的有效应用的因素。但更严重的问题是，科学成果的应用，不仅在数量、进度、规模上受到了束缚，而且在属性上也受到了影响。现行的经济制度，使工业科研走上了邪路，使科学的应用走上了邪路，因而也使整个科学事业走上了邪路。从造福人类的观点来看，人们对于生产和重工业过于重视，而对于消费和共同福利过于忽视。即使开展了这类科研工作，其效果也往往由于商业化导向而化为乌有。过度追求利润的生产模式，使科学成果的应用走上错误的道路。单是增加应用类科学研究的经费或者改善组织效率，已经无法从根本上改变这种局面。也许我们还沾沾自喜地把当下看作是科学的应用越来越兴旺的时期，但与现有人力资源所可能发挥的理想效果比较起来，当下的科学应用比过去300年来任何时期都更加令人沮丧。唯有在发展科学的同时，重新改善生产方式，用以增进社会福利而非增加利润，才有可能彻底改变这个局面。

7. 科学与人类福祉

前面的所有讨论，当然都是基于这样的预设：科学的应用可以增进人类福祉。然而，这正是浪漫派人士和保守派人士所竭力反对的一种假定。

浪漫派人士的立场，与其说是反对科学的应用成果，毋宁说是反对科学本身。他们厌恶当代科学文明，而把中世纪的世界过于美化。因此，他们其实是自我矛盾的，他们无法去区分科学的积极作用与科学在资本主义制度下的弊端，也无法区分科学事业所遭受的摧残与科学发展本应具有的正面性。我们知道，在苏联，科学的应用令人赞叹，并已取得效果，却不被报道，或加以歪曲宣传，力图掩盖确凿实例。但苏联在科学事业上的成就也都不可能改变这些浪漫派人士反对科学的态度。他们骨子里反对理性思维，且成见过深，无法晓之以理。要不是因为法西斯主义利用他们来迷惑青年，我们本可以对他们不屑一顾。

保守派人士的论点听起来似乎合乎理性，却也经不起推敲。他们认为，科学成果的应用，改变了产业结构，扭曲了现有的经济秩序。言下之意就是，目前的经济制度是再好不过的了，它不可能出毛病，令人痛苦的问题是科学带来的。也就是说，他们把技术进步所必然引起的经济变化，以及给保守的人性或社会带来的压力，当作是限制技术进步的理由。在保守派的心目中，科技发展可能会导致三个方面的社会后果：结构性失业、大规模浪费和经济不稳定。这些社会现象确实是客观存在的，但与科学成果的应用并无内在关系。从某种意义上说，这只是表明，社会还无法顺应科学技术迅猛发展的内在需求。

就技术进步所导致的失业问题而言，保守派显然过分夸大了科学的"罪责"，任何技术的冲击总会使某些人失业，但与此同时，也会带来更多新的就业机会。产业失调有多重的原因，与科学并不直接相关。如，消费习惯、原料供应、人口增长、金融税率、货币发行及社会心理因素等，都会影响经济结构的平衡，从而导致失业数据的波动。即使在繁荣时期，也会有意想不到的失业人数或失业率。社会失业存在的同时，很可能新的产业正缺乏合适的劳动力。所以，把失业归罪为科学的进步，是说不通的。保守派人士无非是看到，原来多人操纵的机器，现在只需一人即可，由此而感到惊恐不安罢了。

总的说来，整个社会通过科学技术发展得到的好处，足以弥补其结构性损失。只不过我们的社会，还没有主动自觉地调整应变，以适应技术的变迁，从而更好地获取本应有的最大的社会利益。换言之，如果在一个合理的经济制度中，合理有序地采用新生产方式，那么技术进步引起的失业就可以完全消除。

所谓的浪费问题也是这样。浪费，其实是由于引进新生产方式而带来的不适应而造成的，这并不是不可调整的。不过，保守派人士却主张，宁可固守旧的生产模式，也不愿意采用新技术、新发明，因为后者会带来浪费。与其说他们是在避免浪费，不如说，他们是在惧怕新事物。他们以这样一个托词阻挠科学的应用，实际是在阻碍科学事业的发展，是在阻碍科学本应对社会产生的贡献。我感到，现行的旧经济制度已经无法适应科学进步的内在需求了，要么继续摧残科学，让现行制度在战争或野蛮中自取灭亡，要么对现行制度进行彻底的改革，让科学事业可以健康地发展。

保守派的深层理念在于，科学成果的应用能带来社会福利只是空想，科学不可能是社会的福音，技术层面的进步只是假象，科学发展必然受到经济、政治因素的困扰，而这是职业科学家所不容易看出来的。的确，如果有一种新社会制度，能更加理解科学的意义，更乐于提供科学发展所需的社会资本，更敢于为不适应现象付出任何代价，因而更乐于去调整社会结构，那么这种社会就极具巨大的潜力等待科学造福于人类。只要社会具备进行改革的思想准备，科学与社会就会更加迅速地并肩前进。但这只是一种幻想，我们的社会能够在多大程度上自我革命以适应新事物，是取决于社会在多大程度上能经得起技术进步的冲击力，除非科学事业发展与资本主义制度追逐利润的属性不相冲突，否则一切都会照旧不变，潜力永远不能被开发。

我们可以设想，如果政治家更明智、商人更无私且具有更强社会责任感、政府更睿智、更有远见且更有灵活性，那我们的科学就能更为彻底而迅速地用来大大提高社会生活的水平以及民众健康的品质，这样也就能够避免前面所讨论的科学研究与应用之间的巨大时间差，我们因而就能为一个高尚的社会目的而从事职业工作。但这就意味着，需要用对社会更加负责的体制，来代替目前的资本势力，这显然进一步意味着，需要大大改变社会结构与社会目标。

保守派的论点若用以论证科学事业不可能在资本主义制度中实现全社会富足，或许是可以成立的，但社会主义制度下的苏联，其实际经验却早已驳倒了这些论点。前面所述说的种种设想，在资本主义社会也许是不可能的，但在苏联，却正在逐步成为现实。保守派人士认为，目前的社会生产总量已经超过了全社会有效的总需求，所以，现行经济和社会制度相对是合理的且会继续维系下去。

我认为，社会有效需求总是从现行制度中产生的。新制度就会产生新的社会需求。旧的社会需求的相对满足，不应该成为裹足不前的理由。实现社会富足的阻力，目前的确是存在的，但这些都是政治和经济层面的阻力，而不是科技层面的。可以设想，若实现了社会主义性质的社会组织形式，就能够避免资本主义社会的无序现象，也就是科技新成果的风险和获益不是由同一人承受的现象，而且能够在资本、技术和人力的投入中，精确得出最佳比例、规模和路径，从而让科学产出最有利于社会的共同利益。需要高超的想象力，才能设计这种社会组织形式，在实现社会利益最大化同时，个体又拥有可以根据自己的需求做出最优选择的自由。这需要政治家的智慧才可以达到完美的境地。如果是，在国际关系和对外贸易中，这种社会组织形式中的科学亦将发挥最佳效能，社会生产水平将大大优于现在，社会生产总量将更加丰硕。

8. 科学与战争

科学在战争上的应用并不是一个新问题，但公众已经普遍认识到，这并不是科学应有的功能。从科学和战争的历史关系来看，大部分重要的技术应用和科学进展都是源于战争的直接需要。这倒不是说，科学和战争之间有什么神秘的内在关联，而是由于那些众所周知的原因：军事需要的紧迫和不计成本。在战争中，新技术、新武器、新装备极为重要，因为这决定着最终的战争胜负。自古以来就是如此。我们知道巴比伦人的军事工程是十分精巧的，事实上，"工程师"这个词，最初就是指军事工程师。在古希腊，技术比较落后，而数学，因为可用于军事用途而备受重视，不过这些用途是有限的。在古罗马时期，人们更加自觉地把科学应用于战争。科学帮助了战争需要，战争需要也同样帮助了科学事业。首先，战争的需要，提供了资源来养活科学家；其次，战争的需要，提出了一些科学难题，又促使科学家集中精力来解决这些问题，并在实践中来检验自己的科学猜想。

不过，无论如何，科学家必须正视和平与战争的问题。第一次世界大战中千百万民众的牺牲，让后人明白了，苦难在很大程度上是科学的应用直接造成的，从这点上来说，科学非但没有造福于人类，反而实际上成为人类的仇敌。战争，让科学的价值本身受到了怀疑，职业科学家们也终于不得不密切关注这个现实。越来越多的年轻科学家开始反思，科学应用于战争是否意味着对自己职业的最大亵渎，这种想法越来越普遍了。和平与战争问题比任何其他问题更能促使科学家们把目光转移到自己的职业工作以外，开始关注科学的新发明是怎样应用于社会的。

这种想法造成的结果之一就是，科学家比以前更不愿意主动参与军事科研工作了，而且强烈地感到军事科研是有违科学精神的。由于职业科学家缺乏组织，所以尚未做到对军事科研工作的彻底抵制。在目前形势下，这种抵制是否会产生良好效果，甚至也是值得怀疑的，毕竟这样做的直接后果，将会使自己国家在法西斯势力面前处于不利的地位。目前可以做到而且正在做的，是吸收职业科学家作为积极伙伴，加入到和平力量的队伍中来。我们看到，在法国和英国，包括一些知名科学家在内的众多科学家都积极参加了反对战争的民主运动，进而争取创造社会条件，避免下一次世界大战的爆发。

国际和平运动科学委员会就是科学家为和平而主动组织起来，这个机构于1936年在布鲁塞尔大会上采取了引人注目的措施。来自13个国家的科学家济济一堂，讨论了科学家在战争形势面前应负的社会责任。围绕科学家参战和备战的话题，至少存在三种态度。第一种认为，国家利益应该放在首位，科学家没有必要过于忧虑科学应用的后果，所以应该积极参与备战，为国家服务；第二种是在任何情况下都拒绝参加战争或为战争服务；第三种态度比较暧昧、纠结，但人数比较多，他们认为，是否参加或如何参与备战，取决于具体情况，即战争的动机是否是为了最终实现全面和平。

显然，各国政府都面临抉择，究竟是应该以战争来结束战争，还是应该发挥最大力量来阻止战争的爆发从而维护和平，两种抉择都需要为此进行战争准备。一部分科学家虽然不愿支持第一种抉择，却愿意为第二种抉择服务。那次大会的决议表达了和平主义和非和平主义的科学家们的共同愿望。这些决议并没有要求所有科学家都不参与备战工作，只要求大家支持那些拒绝参加备战工作的科学家。不过，大会积极的贡献是倡导研究和宣传。也就说，应该对战争根源和科学在战争中的具体作用进行研究；应该在科学家和普通大众中进行宣传，说明科学研究的意义。

大会结束以来，人们已响应这些呼吁并继续开展了工作。英国成立了一个全国委员会，在伦敦、剑桥、牛津和曼彻斯特都设有积极的地方小组。但是我们必须承认，在不断恶化的战争形势下，这些努力显得极为无力。我们不得不承认，职业科学家有时是不可能为和平事业做出很大贡献的。他们固然处于举足轻重的地位，但是，他们难以自觉利用这种地位。他们过于分散且受到周围社会力量的很大影响。所以，我认为，一方面，必须让科学家与社会之间相互有了更深刻的理解，才有可能使科学家在和平运动中发挥更加积极的作用。除非人们能充分理解战争的社会和经济属性，否则就不可能抵制战争，而科学家对这方面的理解还差得多。另一方面，除非公众和政府更清楚地理解科学在平时和战时的功能，以及科学组织化的重要性，否则就难以分清科学的应用到底是建设性的还是破坏性的。

9. 科学：国际主义与法西斯主义

国际主义是科学事业的特征之一。即使在原始时代，爱好科学的人们也愿意向别的部落或民族学习。从这个意义上说，科学可说是从一诞生就具有国际性质。不同历史阶段文明的广泛传播也有力地说明了这一点。

当不同文明被强行分隔开来时，科学家和商人总是最先打破文明的藩篱。现代科学的主流就是从巴比伦传到古希腊，又从古希腊传到阿拉伯，再从阿拉伯传到欧洲。科学显然是打破阻碍文明交流的各种天然障碍的最好工具。前往古代中国的耶稣会传教士们就发现，中国朝廷最感兴趣的就是他们从欧洲带来的最新的天文学和数学。但直到18世纪和19世纪，人们才自觉而充分地实现了科学的国际化。

人们越来越认识到，科学发现，不论是理论成果还是实用成果，本质上是属于全人类的共享知识，而不应成为私人或国家的垄断。这种观念标志着现代科学的兴起与成熟。民族主义与此并不矛盾，任何一个政府都希望尽量网罗更多科学家，为国家增光或为国家使用，不管他们所属国籍如何。德国和俄国的科学是在18世纪从法国和荷兰的科学中移植过来的。当时的科学国际交流是十分自由、畅通和普遍的，甚至在战时也不例外。

在整个19世纪，科学的国际主义一直有所发展，可是，进入20世纪后却出现倒退。科学一方面虽还保持着国际主义的特征，另一方面却由于各国普遍存在的民族排外倾向而蒙受其害，这使得科学的统一性受到严重威胁，科学正面临可怕的分裂状况。我们有必要考察一下这些结论究竟在多大范围内成立，究竟是英国科学面临的问题，还是整个科学事业面临的问题。英国的科学事业在许多方面代表了一个工业大国在前进中的状态。科学的历史表明，它的成长基本上是符合经济发展大方向的，科学发展的程度和规模也大体上与商业及工业活动同步。一般来说，世界上主要的工业发达国家，也同时就是科学发达的国家。现有两个对立的经济政治制度——资本主义和社会主义的冲突，也反映出"科学－社会"结构关系在苏联与其他国家的巨大差异。除了这个主要区别之外，在科学事业中，还存在着具有历史文化渊源的若干民族特征。

环顾各个国家的科学状况，可以看出，科学事业在组织形式上的共性远远超过差异性。富裕国家的科学很发达，贫穷国家的科学较落后。但无论贫富，科学事业却成为一种共同的文明标志，成为大家都接受的一种普遍文明形态。虽然科学的发展，越来越受到垄断资本主义和民族主义的影响，但在相当一段时期内，科学的正常发展尚未遭到严重的干扰，科学界中自由探讨和自由发表的基本原则也还没有遭到破坏。但是在当下，情况已经有所变化。随着法西斯主义的兴起，保障科学发展的基本原则已经受到了摧毁，若继续下去的话，就会危及科学的进步，甚至危及科学本身的存在。

法西斯主义从本质上来说，就是企图通过暴力和宣传，去维持一个独裁制度或垄断帝国。为此，法西斯主义有意宣扬和刻意扶植民族经济和民族精神。当科学可以协助实现其目标时，科学就是受重视的；当科学看起来会削弱其目标时，科学就会遭到歪曲或破坏。

法西斯主义就是要把经济上和文化上的民族主义推向极端。这样一来，职业科学家的首要责任就不再是发现真理或为人类服务，而是在任何时候都要首先效忠自己的国家与元首，并时刻准备为战争出力。显然，目前科学事业正处于危机之中。

法西斯主义的蔓延对科学是一种双重危害。法西斯主义势力抬头的地方，科学事业就会遭到摧毁。此外，其极端思想还强化了蒙昧主义势力，损害了科学精神。我们可以看到，在欧洲，甚至在美国，法西斯主义正在催生科学上的民族主义。

法西斯主义国家的状况清楚表明，法西斯主义或极端民族主义与职业科学家是不能相容的，科学家必然就是批判家，而批判则是不能被容许的，所以科学家要么闭口要么失业。如果他违心，他实际上已不再是职业科学家了，更无法传承科学精神；如果他抗衡，他将无法生存，科学事业同样也难以维系。

在某些国家，法西斯统治下的科学事业的遭遇，令科学家不寒而栗、惊恐万分。其他国家的科学的命运还是个未知数，其未来走向取决于科学以外的众多社会因素。除非科学家清楚了解这些因素，并且知道如何利用自己的力量来影响这些因素，否则，他们的处境就是任人宰割的羔羊。所幸的是，越来越多的人开始意识到这一点并有所警觉。

10. 科学与社会主义：苏联经验

科学与社会的关系，从根本上来说有赖于社会本身的组织原则。直到现在，在讨论所有国家的科学事业时，我们一直基本上假定它们都是处于资本主义社会制度中的。在这种体制中，一切社会生产关系都受到两个因素的支配：劳动的必要性和赚取利润的可能性。宗教、文学和科学都是在这个体制内发展起来的，它们自身存在最终不得不取决于对体制的适应。它们为了发展都必须付出实际代价，我们已经考察过科学和资本主义社会制度之间的关系，而且也说明了，在资本主义社会，科学的发展方向已经不是取决于大多数人民的需要，而是取决于利润生产的需要。这个动机比原始社会形态的动机增进了我们对于宇宙的认识，不过我们也必须认识到，科学的发展既为我们开辟了改善人类生活的前景，也为我们提供了毁灭人类的可能性。现行资本主义制度对前者的利用是完全无法实现的，但对后者的利用却是变本加厉。

因此，我想多谈谈苏联的科学。在过去20年中，现行资本主义制度已经不是全球唯一的社会体制了。世界上已经有了一个新的国家，在那里，社会生产方式和社会关系完全不同于以往，因而科学同社会的关系也完全不同于以往。苏联和一切先前的文明社会的不同之处在于，它在很大程度上是构想出来的，是人类第一次根据自己的观念而设计出来的一种社会体制。观念的基础就是马克思、恩格斯与列宁在过去100年中对发展中的资本主义所进行的批判。

马克思是19世纪培养出来的，他看到了科学对于人类社会的各种可能性，不过，与其他人不同的是，他明白这些可能性不可能实现，他更明白这些可能性为什么不可能实现。马克思主义所构想的国家，其基本原则就是利用人类知识，包括科学和技术直接为人类服务。

马克思比当代科学家们更清楚地明白，科学与社会应用之间存在密切的联系。他相信，科学与社会应用之间的这种联系，应该可以变成自觉行为，也只有如此，才能保障其充分发展。恩格斯对于19世纪科学颇有研究，他对上述观念有着更详尽的阐述。

列宁在流亡期间花了很多时间对科学与社会应用的关系进行了分析和批判，所以在苏联内战还没有结束的时候，新的苏维埃国家就开始按照构想的方针和计划来规划未来的科学事业了。因此，当列宁建立苏维埃国家，并抗击敌对势力的进攻成功保住了这个国家的时候，他首先考虑的问题之一便是如何在社会实践中最大程度地应用科学。

困难当然是巨大的。追溯到苏联革命前，自从俄国女皇首次把科学引进之后，它一直是沙皇宫廷的外来品。广大民众根本体会不到它的存在。对于沙皇来说，引进科学，只是为了满足军政方面有限的需要，并为了让欧洲其他国家看到，俄国同样也拥有科学院，文明程度并不逊于任何其他国家，正因如此，科学才受到沙皇当局的接纳和培植。

伟大的俄国科学家像罗蒙诺索夫、门捷列夫、柯瓦列夫斯基和巴甫洛夫，其科学工作并不是完全依赖官方科学组织而是非常依赖德国和法国。俄国不仅雇用了许多外国科学家和技术人员，而且几乎所有的科学仪器都是进口的。在第一次世界大战之前，新生的俄国贵族阶级开始需要科学。他们甚至设立了一所大学免费讲授科学，后来的苏联第一代科学家很多就是从这里毕业的。

伴随着第一次世界大战、俄国革命、内战和饥荒，情况越来越糟糕。一些年长的、比较保守的科学家逃亡国外，另有一些死于疾病或饥饿。许多人拒绝与苏维埃新制度合作，或者半信半疑地进行合作。所以，苏联不得不在毫无外援支持的情况下，在废墟上建立起一个崭新的、规模更大的科学事业。

科学家们看到，苏维埃新政府给予科学事业前所未有的重视，并一心一意要让科学事业具有前所未有的发展机会，他们深切感到自己的确可以第一次自由地实现自己的职业愿望。进而，他们主动投入到这项事业中,以旺盛的精力和无比的热情来弥补职业科学家人数之缺。他们的任务是双重的,既要建立苏联科学和技术的根基,同时又要帮助解决国内建设的问题。虽然,财力和人力的资源都可以由他们支配,不过所需仪器却难以购得,且相关业务人员都完全未经训练。

从1917年到1927年,这10年间苏联人的成就,以及这些成就是如何取得的,都值得我们认真地加以研究,因为这将表明,在任何一个国家,科学事业所受到的束缚一旦被解放,将产生极大的生命力和社会功能。这10年的发展为苏联下一个10年的进步提供了基础保障。可以看到,之后的苏联科学事业和工业紧密联系且携手并进,新的大学培养出了训练有素的职业科学家,且人数之多是前所未有的。这样一来,苏联科学家不仅可以把原先的科研工作继续进行下去,而且苏联科学还首次对世界科学事业的发展做出了卓著的贡献。

不可否认,苏联科学的组织形式和成就是有目共睹的。其第一个特色是投入规模巨大。1937年苏联的科学经费预算为10亿卢布,是当时苏联国民收入的百分之一,相对来说,是美国的3倍、英国的10倍。这说明,苏联人实事求是地认识到,不应再把科学看成是一种奢侈品,而应看成是社会体制的基本组成。

在苏联,科学实际上在每一个阶段都与社会生产过程密切联系,而且是以大大不同于其他国家的方式来联系的。苏联科学的主要目标是直接或间接地满足民众的需要，而不是增加利润。要满足民众的需要，就必然得改进生产方式。为实现这个目标，苏联科学努力缩短生产过程并减少人力消耗，其所采用的方式完全不同于资本主义制度利用科学实现利润的方式。最本质的一点，作为工人的劳动者是生产过程改革的重要组成部分。劳动者的健康和舒适，绝不可以因为采取了更为经济的方法而受到损害。更重要的是，社会主义用一切办法鼓励工人积极自觉地把科学应用于工业。

在资本主义制度下，理论与实践的结合仅局限于研究所的科学家和工程师之间的合作，工人们只是被动地执行命令，他们用不着思想，他们也毫无自觉的动力，因为生产改进的好处只能归企业家所有，还很可能会使劳动者的工作更为艰苦。在苏联，伟大的斯达汉诺夫运动，就是工人可以成为主人翁、劳动者可以在改变工业生产过程中起主要作用的生动体现。

苏联科学事业的另一个特色是科学事业的规划。苏联科学事业是一个完全统一的整体。科学事业是根据一个长期规划来发展的，这个规划本身又是范围更大的经济和文化发展计划中的一部分。当然，比起任何生产计划的确定性，科学事业的规划是很不一样的。我们知道，科学工作包含很多不确定的因素，无法在事前预判会有什么新发现或新成果。面对不确定性的办法是，对无法预料的科学成果不做计划，而对那些可取得有价值成果的确定的研究工作提出计划。也就是说，按照改进社会生产的理想模式、按照发展更为完善的苏联科学的长远观点，把用于科学事业的经费，合乎比例地在各学科和各研究所之间进行分配。苏联的科学事业管理机构是苏联科学院，在其工作纲要中这样规划苏联科学家们要解决的问题：科学院目前的急迫工作是协助苏联国家计划委员会起草第三个五年计划。按照规划，苏联科学院各研究所的主要力量将用来优先解决十大关键任务。这十大关键任务包括：

①发展寻找有用矿产，特别是稀有金属和石油的地质学、地球化学和地球物理学勘探方法；

②通过建立全苏高压统一电力网，解决电力输送问题；

③合理并扩大使用天然气和煤气；

④寻找内燃机新型燃料；

⑤合理改进化学和冶金工艺过程，探讨改进设备和增加产量的科学方法；

⑥为进一步增加土壤肥力，对选种、土壤化学、植物生物学、肥料和农业机械化进行研究，提升谷物产量；

⑦建立发展畜牧业和渔业的科学基地；

⑧发展机械遥控，通过理论物理学的应用，来扩大工业中的自动化生产；

⑨起草苏联国民经济的收支平衡表，作为第三个五年计划的

科学根据；

⑩研究苏联各民族的历史。

苏联的科学组织机构比较复杂。苏联科学事业都由苏联科学院来加以总指导，不过苏联科学院所属研究所只是全国科研体系的一部分。此外，还有很大一部分科研力量是在各大学的实验室，以及重工业、轻工业、食品、卫生、农业等人民委员会所属的研究机构。苏联科学院是以法国科学院和普鲁士科学院为样本建立起来的，是职业科学家的荣誉机构。目前，苏联科学院已经扩大了自己的工作范围，不过这个扩大的含义不是增加院士，而是让每一个院士负责与其专业相关的多个研究所。虽然苏联科学院的院士仅有90名，但苏联科学院所属的研究所的科学工作者人数却超过4000名。

大学的主要职能当然是教育。但它们也有自己的实验室。大学的实验室和苏联科学院的实验室保持密切联系。不过，更重要的机构却是附属于工业部门的研究所，例如冶金研究所、硅酸盐研究所、纤维研究所等。这些研究所并不是狭义的工业研究机构，而是从事和工业有关的基础科学的研究，且拥有极为著名的科学家。另外还有无数工业实验室和野外农业试验站。政府各人民委员会负责向研究所和实验室划拨经费。社会的需要决定着这些研究所和实验室的科研方向，他们与苏联科学院的联系也是很密切的。英国大学和工业科研之间的那种隔阂，在苏联基本上是不存在的。

苏联科学事业的组织优势在于，问题的提出与解决办法之间存在畅通的渠道。首先，工业实验室精确地提出具体待解决的问题，交给研究所。凡是在现有知识范围内可以解决的问题，立马在研究所里予以解决。如果所提出的问题显明对于某些知识领域缺乏基本的理解，就提交给苏联科学院来处理。这样，工业界就可以向科学界提出新的基础科学的问题。同时，大学或科学院有了任何发现，也可以尽快用于生产实践。植物研究所就是一个出色的案例。在那里，社会经济的发展需要培育各种植物以适应苏联各地多样的气候和土壤条件，遗传学原理得到了充分发展。而对人工培植植物的野生变种的研究，不但提供了一些极有价值的植物杂交品种，还考古发现了史前驯养中心，增进了对那个时期文明形态的了解。

苏联科学事业在社会主义制度下究竟是如何运行的呢？就仪器设备、实验室工作等常态情况而言，与其他国家无异。不过在科学仪器设备的生产方面有一个值得注意的特色。仪器不是交给工厂而是由研究所自己来集中生产的，从而使仪器设备价格便宜，规模充足。这样，苏联在科学领域都可以不依赖进口国外仪器设备了。要知道，苏联革命前，国内根本不制造任何仪器设备，所以单这一成就，就尤为了不起。

在人员和科研工作的内部管理方面，苏联科学完全不同于其他国家。目前的模式是个人负责和集体商讨制度的结合，是根据科研工作的特殊需要，并结合各方面的经验制订的。研究所所长负责研究所的全面工作，包括经费收支和行政管理，后两个职能，即便有副手参与，但只有所长才能做出最后决定。研究所的主要工作计划是经过全体人员在会议上集中讨论后制订出来的。全体人员不但包括科学工作人员，还包括工程师和辅助人员。每年年初就要讨论全年的工作计划，然后由所长或代表们参照需要进行修订。经过一系列的商讨后，计划就会得到批准并确定了全年预算。计划的内容，特别是计划的完成时间，当然不是具体的，但会要求有关方面在一定期间提出报告，说明已完成的工作和尚在进行的工作。一般说来，当所长和全体人员都积极通力合作时，计划可以十分顺利地执行，否则就会引起摩擦或效率降低。在苏联科学事业发展的特有模式下，不同气质或不同信仰的科学家之间无可避免的个性差异，并不会像在其他国家那样引起冲突或怨恨。反而，由于苏联科学事业的迅速发展，年轻一代总是有机会建立自己的研究所和事业舞台，不会受委屈、被误解或遭埋没。

我想特别指出，苏联的科学事业发展绝不仅仅是科研问题，甚至主要也不是科研问题。马克思主义者的理想是建立一个科学可以无所不在的社会。在这个社会中，科学成为公民教育和文化普及的基石。因此在苏联，科学在教育体系和群众的日常爱好中，拥有极高、极为重要的地位。学校非常重视向学生讲授科学在理论和应用方面的知识。学生虽然也有相当多的时间去接触文学，但科学却是高年级阶段的主要内容。苏联大学中的科学教育是十分全面而有成效的。苏联的大学生人数是苏联革命前所无法比拟的，而且大学生人数在总人口中所占的比例要比英国、德国等的都高。要知道，苏联科学教育能达到这个水平，困难是巨大的，因为寥寥无几的科学教师也是科学研究和工业研究所急需的。初期，这种需求如此急迫，不少学生经过短期的训练就派出去了，不过现在已经改观了很多。科学教育学制已经延长了，学生要取得科学学位，必须先在大学学习五年，接着再读三年的研究生。苏联教育制度胜过其他国家的巨大优点是，它能够从全体国民中选拔有才智的人，而不仅仅是从富裕阶层中物色人选。毫无疑问，一旦这个制度有了充分时间发挥作用，我们就将见到一批世界任何地方所无法比拟的优秀而卓越的科学工作者。

这种教育制度另一个令人注目的地方就是，普通民众对于科学所展现出的极大兴趣。科学书籍，包括严肃的科学著作、科普书籍、实用技术手册等的巨大销量特别能说明这个事实。科普书籍的主要内容并不是引导读者冥想宇宙的神秘，而是说明人类怎样才能够利用科学来战胜自然并改善生活境况。几乎所有较为重要的科学著作，不论内容如何艰深，都译成了俄文，而且销路极广。狄拉克的《量子力学》第一版仅仅在几个月内就销售了3000

册，而其英文版在三年中仅售出2000册。关于科学新发现的新闻或者科学大会的报道，就像王室新闻、犯罪新闻或者足球新闻在英国那样，能引起苏联民众极大的兴趣。游乐园中若举办科学节目，观众会趋之若鹜。到访苏联的所有外国人都注意到，那里的人们对一切科学或技术属性的事物都具有永不满足的好奇心。

我想，这可能有两方面的原因。一方面，曾经对科学一无所知的群众突然感受到了科学的力量和趣味，就像科学从古埃及转移到古希腊，又从古希腊转移到阿拉伯一样，甚至有过之而无不及。另一方面，资本主义国家工人敌视科学的潜意识，在这里是完全不存在的，他们再也不用担心科学会被用来扩大生产，迫使他们失业，或被用来制造毁灭自己的武器。在苏联，群众成为主人，科学已经成为他们自己的科学，由他们自己来掌握。

要深入讨论苏联科学事业的特色及成就，似乎尚嫌过早。第一代苏联科学家还来不及对世界科学有所贡献。目前已有的成就，大多还是那些在旧时代受过训练但在新制度下工作的人们的作为。对于苏联科学家来说，虽然存在物质和技术的不利因素，但是，新社会制度为他们提供了发挥才智的无限机会。老一代科学家中仅有极少数目光远大的人看到这个机会并且充分加以利用。他们组织了大规模的研究工作，并取得了科学工作者个人所无法取得的成就。然而这样的杰出人士还不多。苏联目前的科学事业发展还是不平衡的。在某些领域，特别是巴甫洛夫学派的动物心理学、动植物育种、地质学、土壤科学、物理化学、晶体物理学、空气动力学及数学的某些分支中，苏联科学家已经对世界科学做出了特有的贡献。但在化学等领域，他们相对还比较落后。

苏联科研工作的独创性，可以体现在选题方面，也就是善于结合经验来选题的新倾向。苏联科学可以从普遍经验中找出那些待解决的实际问题来加以研究。而科学过去之所以没有能解决这些问题，并不是因为这些问题是科学无法解决的，而只是因为这些问题通常不在常规科学的关注范围内，没有人想到把科学原理应用到这方面来。但另一方面，苏联科学的一个缺点是缺乏足够的科学鉴赏力，特别是热情的年轻一代科学家，这个毛病更明显。这是情理之中的。科学鉴赏力的培养需要长期熏陶和历史传统，只有依靠时间和经验才能潜移默化地熏染。当然还有很大一部分原因是，苏联科学一直与外界长期隔绝，今天，政治、资本和语言的障碍仍然使它在很大程度上与外界脱离。苏联人只有对世界各国科学家的工作加以学习、比较，才能具备充分的科学鉴赏力。

对于苏联科学事业，外界人士一直有一个不容易理解的地方，那就是科学与哲学，特别是与辩证唯物主义的关系。在许多国家，科学似乎已经完全与哲学不搭边了。在英国，就像上流社会人士不谈宗教那样，几乎从来不会把科学与哲学联系在一起。

从科学史的角度看就会明白，经过 17 世纪的科学革命，现代科学的哲学框架已经建立起来了，此后就被默默地传承下来，成为现代实验科学发展的认识论和方法论基础。

苏维埃国家的建立，可谓是马克思的工作对现有哲学基础的挑战。苏联接纳了西方科学，却没有一并接受 17 世纪哲学以及现有的关于科学的哲学解释，这也是理所当然的。马克思、恩格斯和列宁已经为一个新制度描绘出了轮廓，也对新制度下的科学与哲学的关系有所思考。他们虽然研究科学，但本身却不是职业科学家，他们是革命家，也是思想家。苏联科学在其成长过程中一直在探索自己的哲学理论。这始终是一个充满激烈争论的复杂过程。老一代科学家当然是不接受新观念的，甚至持敌视态度，而年轻的科学家则缺乏充分的科学素养和知识结构来有力地论证自己的新观点。

要知道，这其中蕴含着多么丰富的发人深省的新思想、新观念、新方法、新工具，有待人们去加以认识、理解和应用。我期待苏联科学家们，也期盼其他各国的科学家们，能够对科学事业重新进行再认识、再评价、再改造。有些人敌视苏联，认为马克思主义是一种强加在科学之上、对科学发现本质和过程加以扭曲的意识形态教条，这显然是荒谬的。任何人只要认真阅读马克思、恩格斯或列宁的著作，就会清醒地意识到，辩证唯物主义本身当然只是一种哲学思考，它本身当然不是科学，它也并不能直接产生科学知识，但辩证唯物主义的思想方法仍然是有效的，它可以起到两个功能：启发人们的思路，进而获得特别丰硕的思想成果；帮助我们重新思考科学的本质属性，以及科学与社会的内在关系，进而统一规划和组织科学事业。在这样一种新思想的指导下、在这样一种新的社会制度中，如何把目前的科学事业加以变革，使之既继承已有科学，又能超越已有科学，并开启一个新的时代，这是我们对苏联科学事业备感兴趣也充满期待之所在。

下 篇

改革、出路与未来

> 要知道，科学事业的改革，并不只是，甚至主要不是科学家的问题，而是一个社会和政治问题。科学事业改革的任何方面，都涉及社会的经济和政治结构。职业科学家的培养和训练、科研经费的筹措，以及科学成果的社会应用等，都不仅仅是科学问题。若要对这些问题进行有效的讨论，必然涉及如何看待科学以及如何看待科学与社会的关系问题。

1. 科学事业的改革

若从科学与社会的关系层面来考察科学事业的现状，就可以看出，科学作为一项重要的人类活动，要发挥其功能，就迫切需要进行重大改革。科学事业的改革，应了解目前科学事业存在的缺点。不过只是消除这些缺点是远远不够的，这种小打小闹的改革往往难见成效。科学事业的改革，必须由全社会按一定的原则来全面推行，而不仅仅是由科学家自身或某个组织来单独进行。否则的话，改革可能步调不一致，不能相互配合，就可能引发各种各样的社会后果，进而妨碍科学的进展，这就违背了科学事业改革的初衷。

要知道，科学事业的改革，并不只是，甚至主要不是科学家的问题，而是一个社会和政治问题。科学事业改革的任何方面，都涉及社会的经济和政治结构。职业科学家的培养和训练、科研经费的筹措，以及科学成果的社会应用等，都不仅仅是科学问题。若要对这些问题进行有效的讨论，必然涉及如何看待科学以及如何看待科学与社会的关系问题。

目前的科学事业状况显然是不健康的，为了改善这种情况、为了使科学能有效地为人类谋福利，社会也需要进行相应的改革。我们不必详细规划如何进行改革，很简单，我们期待这样一个社会：它愿意发展科学并用以造福人类，同时它准备为科学发展及其社会应用提供必要条件。

首先是科学事业扩大投入的必要性。这一点是需要强调的，因为科学事业所需的首要变革便是增加投入。目前，科学事业预算不足的问题，比效率低下更为严重。据粗略测算，即使把每年科学预算增加 10 倍（听起来可能显得有点狮子大开口），也还是杯水车薪，尽管这还不到国民生产总值的百分之一。实际上，如果在一个合理的社会经济制度下，科学事业投入经费的年度增长率可以有效维持在最佳的范围内，短期内看起来是净投入，一段时间后，反而可以成为持续的产出。这对社会是长期有益的。更何况，一旦形成有效的平衡，科学事业预算一般都不会超出国民生产总值的 0.5%。

除了投入问题，改革的另一个重点是既有组织管理又保持学术自由。这是科学家所面临的一个困难问题。这意味着，在保持和改善科研工作的效率的同时，还要增加其强度和广度。在增加科学投入和提高效率的同时，不应该降低科研工作的标准，或者扼杀学术自由和独创性。科学事业的管理体制，包括职业科学家的培养与评估、科学共同体组织建设和科学成果的应用等方面，都需要同时改革。这当然需要职业科学家直接参与。因为，只有他们能切身感受这个问题的种种困难，以及改革可能引起的风险。一些资深的学者，往往对改革缩手缩脚，在他们意识中，只要科学界还存在一点点自由的空间，可以接纳少数由于某些偶然因素得已进入其中的幸运儿，他们就宁愿科学界保持这种效率低下和漆黑一团的现状。这些老派人士可能比较抵触我这里所提出的一系列想法。我认为，科学是一种在物质和文化上造福人类的伟大事业，但需要社会改革才能充分、健康地加以应用，否则科学与社会都要遭殃，只有那些与我有同样认识的人，才会接受我的建议。

再一个问题。要发展科学事业，首先就得尽量利用现有人力资源，培养更多的职业科学家。而这就意味着，需要彻底改革目前培养科学研究人员和教学人员的制度。英国自然也不例外。这个问题自然也牵涉教育改革问题。这种改革要求消除一切建立在经济地位基础上的限制，为各阶层人士发挥自己的聪明才智提供平等而充分的机会。显然，现行制度在这方面远远不符合要求。单单这样一个宏观的改革也还是不够的，还需要在教育体系的各个层面实行微观的改革，使科学发展的内在要求可以渗透到整个教育结构中去，而不至于显得像是一个装模作样的点缀。只有当科学的文化能够浸润到整个教育过程中去，而且通过教育浸润到各阶层人士的价值观中去，人们才有可能合理地选择科学工作作为终身职业。

我当然不希望人们选择成为职业科学家仅仅是由于科学职业收入丰厚，或是成为科学家可以摆脱其他职业的许多令人不快的束缚。科学职业的吸引力，应该来自人们内在的求知欲，来自人们意识到科学研究可以对社会做出重要而无私的贡献。在扩大职业科学研究人员规模的同时，也应提高民众的科学素养，提高从事科学职业的能力和标准。

当然，我们应该明白，科学事业所需要的个人能力，并非只有一种。一个健康有序发展的科学事业，既需要科学研究人才，也需要管理和教学人才。所以，要把目前不完备的职业选择方法加以改革，以确保在任何时候都能人尽其用。随着科学事业的发展，各种所需人才比例会有显著变化。这一方面是因为，科学组织方式十分复杂且不断变化，需要越来越多有组织管理才能的人，另一方面是因为随着科学机构和科学人员的空前扩充，科学教育人才也会越来越受到青睐。

无论如何，我们必须明白，只有与社会经济改革同步进行，科学事业的改革才能见效，才能真正得到实质发展，而所有这些改革都需要相当多的人才。通过教育改革，才能大量地发挥潜在人才的作用，从而满足科学事业的需要。由于战争等不确定因素，所以无法确定挖掘人才的速度是否会满足需要。备战也需要大量人才，这种需求必然会在一段时期内使许多资质优秀的人才无法及时进入科学界，所以就更有必要充分发挥科学界现有人员的作用。

为保障科学事业对人才的需求，应该广开"才路"，敞开科学界的大门。一个人一定要通过小学、中学和大学这个常规教育体系才能从事职业科学工作的"清规戒律"，自有一定道理。但我想，是否科学研究也可以回到它的早期形态，像文字工作一样是一种自由职业。这样，一个人在一生中的任何时期，都可以从任何其他职业转到科学职业。在科学发展的鼎盛时期，很多从事其他实际工作的优秀人才常常不自觉地被吸引进科学界。这种趋势已经逐渐消失了，有必要把它恢复过来。社会应该广泛宣传科学事业对人才的渴求，并提供教育和经济上的便利条件，使得从事各种职业工作的人，经过几年的专业训练后，可以实际参与科学工作。像科学实验室助理员这类科学界的新兵，他们已经在实际科学工作中起了很大的作用，他们其实可以即刻参与研究工作，却实际上不受关注。所以，在科学人才极为短缺的当下，应该消除研究人员和助理人员之间的界限，尽可能提供畅通的渠道，激励科学界的助理人员成长为正式的职业科学研究人员。

还有一点是目前很容易做到的，那就是应该大力发展科学爱好者学会，引导人们不再把这些业余科学爱好者的活动看作是科学娱乐，而应认同他们对科学发展起着积极、负责的作用。有些科学观察工作，若由业余的科学爱好者来配合，可以与职业研究人员处理得一样好，即便业余人员不比职业人员更为高明。天文学和气象学等学科已经在这样做，可以很容易地通过组织学会活动，把这个做法扩大到大多数科学领域中去。有一些退休人员很可能对科学活动非常感兴趣。这是一个潜藏的科学人才宝库，且规模巨大，还有增多之势。科学研究中有大量重复而枯燥的观察、分类、统计等工作，这类工作极为重要，但年少气盛的人往往感到无趣、腻味。这类工作对于那些退休人员，特别是那些想总结自己一生工作成果的人说来，却可能是非常合宜的。在文献学和书目学等领域中已经招募了大量这类人员，在科学界，也应该把这些人员有效组织起来，他们会乐意提供自己的一技之长。应该有办法在花费不多的情况下，保证全部非常有能力的退休人员可以根据工作需要，自由进出实验室和图书馆，或在家中操作所需要的仪器，同时保证他们的工作得到应有的重视和尊重。

我们需要一个机构来协调指导新人员的募集，这也是合理的科学组织方式的一部分。这个机构当然应该与教育部门保持密切的合作。经济学教科书往往说，进入任何职业的人数是由该职业的社会需求自动决定的。但实际上，由于社会前景不明朗，加之社会就业总存在周期性波动，所以总会存在供需之间的不平衡。某些领域可能长期存在人员过剩，而另外的领域可能长期存在人员不足。任何个人都难以具备预见能力，但一个权威机构是可以做到的，因为它不仅能够调查科学事业现状，而且还负责规划科学未来的发展。科学发展具有很大的不确定性，因此这个权威机构的任务就显然更为艰巨。但我们要意识到，科学人员的匮乏已经是制约科学事业发展的最关键的因素，这个态势越来越明显了。所以，刻不容缓需要一个机构，灵活而有效地解决这个困难。这个机构重在吸纳人才，它的职能就在于准确地了解，哪些部门需要什么样的人才，哪些学科可能蕴藏有潜力的人才，从而可以使人才的分布愈加合理有效，也能够尽可能避免人才的埋没或不当使用。

2. 科学教育的改革：从中学到大学

改革整个科学教育体系的重要性，是毋庸置疑的。我们不仅需要在教育的每一个阶段提高对科学的重视程度，还需要对科学教育方法进行彻底的改革。我认为，科学教育之目的有两点：提供一种较为系统的知识来认识自然规律；传授一种方法来检验与拓展这种知识。这两点显然是密切相关的。如果学生不了解知识是怎样获得的，或无法以某种方式亲身参与科学发现的过程，他就无法充分了解现有科学知识体系的全貌。现在的科学教育往往更多的只是传授知识，忽视让学生感受知识发现的过程与方法。即便在实验室工作中，科学方法的引入也仅仅包括测量和简单的逻辑推理。几乎没有人尝试过思考，如何去发挥想象力以及如何去建立和检验科学假说。我希望，能够把科学研究本身当作科学教育的一个不可分割的部分。这无论是对于那些要把科学知识用于日常生活或教学的人，还是对于那些有志从事科研工作的人，都极为必要，也很有意义。

在科学教育过程的各个不同阶段，需要不同层次的改革。中学阶段主要是需要改变对科学的态度。科学课程应当是整个中学课程体系中的核心部分，而不仅是点缀或附庸。科学课程不仅是一门课程，应该把科学思想渗透到一切学科中。科学课程不仅是传授知识，更应该说明科学的历史以及其在现代生活中的重要性。要打破那种把科学与人文学科截然区别开来，甚至互相对立的传统，并代之以科学的人文主义。科学课程内容也应该人文化。需要对那种枯燥无味、就事论事的教学方式进行必要的改革，思路就在于，需要展现科学的历史，特别是其进步性、生动性和趣味性。

科学史不应该孤立地来讲授，而应该与文明的历史密切联系起来，这有助于改进现有的教条主义方式。这样，透过科学史，学生就会发现，科学理论是如何建立起来的，又是如何有效地去解释自然现象的；另一方面，学生也会感受到，不同时期的科学解释、科学理论和科学假说，无论多么合理，逻辑上都是可以被证伪的，不存在永恒的正确。当然，历史不仅是已经发生的，也包括正在发生的。科学的前沿新发展，虽还处于待检验的状态，也应该向学生讲授。

应该让学生明白，科学不仅历史上有变化，而且在不断变化中，有必要强调科学是一种活动、一种认识世界的方法，而不单是一堆事实而已。应该联系日常生活的直接经验，原原本本、清楚而具体地告诉学生，科学具有什么样的社会意义、科学可为人类提供什么样的力量、人类可以如何应用科学、人类实际上正在如何应用科学。

日常生活的体验，本是人类最初的科学活动，只有引导学生在他们已经熟知的事物中找寻背后的规律，而不是让他们在人为的、抽象的实验中去寻找关联，才能向学生们传授实用的科学方法。在诸如摄影和无线电之类的爱好以及博物学的整个领域中，不仅有观察描述自然现象的好机会，还有开展科学实验和发明应用的好机会。可以很容易地把现代实验生物学的全套新技术加以改造，使之适合学校使用，并可引导学生结合生理学、心理学的知识以及社会学的观察和分析。有人认为学校中的科学课程，无非只有物理和化学，这种老观念必须废除，科学可不仅仅是只有物理和化学。应该让学生对现代科学有一个全景式的理解和认识。当然，需要警惕在这个过程中，有可能把非常严谨、足以锻炼学生科学鉴赏力的专业工作，变成一种空洞的、煽情的、单纯观察描述性的文学工作。生物学就存在这个尴尬，其实可以利用现代统计学，让生物学成为实用而精确的科学。

在最近20年的科学发展中，量子理论对物理学和化学的影响，基因学说和生物化学对生物学的影响，都是值得关注的新知识。在科学教育的改革中，有必要随时随地吸纳这种新知识，使得科学课程与时俱进、充满生气。

我感到，有必要设立一个委员会，由年轻的科学家和有经验的科学教师组成,委员会可经常督导学校的科学教育,并不断提出改进意见。总会有一些既得利益者,如考试制度维护者或教科书编写者可能反对这样做。关于考试制度,我想多说几句。人们已经逐渐认识到,目前考试制度不但破坏了整个教育体系,对学生也产生了负面影响,且极不可靠,很难达到考查考生能力的初衷。其问题在于,过度提防作弊和造假,而未能让应考者获得发挥才能的机会。由于考生人数多,大多数学校的监考人员都是临时雇用的,结果,为了尽可能节约费用,只能编制老一套的试卷,一切考试改革的尝试都毫无结果。社会各界要求改革的呼声不无道理,只要考试制度故步自封,我们就永远不可能拥有合理的科学教育体系。

科学教育的目的,是引导学生不仅从现代知识的角度对世界有全面的了解,而且能懂得和应用这种知识所依据的论证方法。科学的特殊贡献,就在于一种量化的逻辑推理,可使人理解现象与原因之间的关系。学校培养出的公民,应该不仅把数学理解为计算货币的工具,而是作为思考一切问题的方法基础。任何一个受过现代教育的人,对几何、代数、因果逻辑、统计分析等概念,应该像对加减乘除一样熟悉。只有具备这种能力,才能应对我们这个时代的经济和社会问题。这样,当遇到超出自己直接经验范围的具体问题时,他们就会知道到哪里去找寻答案。所以,科学教育重在传授一种自我学习的能力和方法,在充分掌握知识的基础上，可以对科学有一个总体的了解。他不必做到精通各门科学，而是懂得到哪里可以找到科学。

最后，还要强调一点，那就是有必要大大普及社会民众对于科学重要性的全面认识，一方面是因为，科学的健康发展需要良好的社会文化土壤与公众的理解支持；另一方面是因为，科学是消除神秘、狂热、反理性的社会思潮的唯一有效工具。科学，理应为大众所理解、尊崇、信任与享有。

相比中学教育，大学教育更容易陷入陈规老套的模式中。大学的科学教育也得全面改革。课程内容应该有所削减并加以调整，只需保留一定数量的经典，内容只限于科学新进展或者经典科学中比较有新意的部分。绝大部分课程应该由一线的科研工作者来亲自讲授，同时还应该在讲授中启发和提供新思维、新方法、新知识。同时可以保留一定数量的系列讲座，为选修者提供方便。应该扩大小班教学或小组辅导，范围要比目前在牛津和剑桥实施得更大，且更重要的是扩大学术讨论小组。虽然一般在讲课过程中可以进行操作示范，但这类内容完全也可在小组讨论中进行，或在科学展览馆中进行，学生可以随时前往观看操作示范，这样的教学更有效果。

实习课程也得进行彻底的改革。目前的实习课程，内容不外乎是前期准备、测量、描述。这些活动对科学研究是重要的，却也是十分单薄的。如何运用智力来发现待解决的特定问题，如何运用智力来解释实验结果，这些训练的重要性不亚于仪器操作和数据测量。而解决这个问题的最有效办法，就是科研与教学密切结合，让学生尽早参与科研。

我设想，可以让学生跟随一线科研工作者，每人可以有一个周期，数月或更长，让他们身临其境地直接参与研究工作，切身体会科研人员是如何解决真正的科学问题的。一个大学生没在大学里做过一两年研究工作，就没有资格从大学毕业。无论将来是从事教学工作，还是从事科研工作，都是如此。一名科学教师知晓如何从事科学研究工作，比积累教学经验更为重要，后者可以在将来的教学实践中获取。大学还应当引导学生去阅读和写作科技论文，让学生逐步地学会如何去查找关于某一课题的相关资料，如何撰写综述或概要，如何评鉴他人的工作。若有机会鼓励学生积极参与整理科学出版物的日常工作，也是有意义的。对于大学生来说，尤为需要的是学会独立思考、学会与他人合作，善于去探索新知识而不是去积累事实。

大学的科学教育，不仅是培养粗通科学皮毛的工匠，更重要的是，在大学里，学生在学习具体的各门科学知识的同时，应该更清楚地意识到，科学事业与社会之间的总体关系。这里，科学史教育应该占有重要的地位。也就是说，应该让学生明白整个人类社会活动与各门科学之间的关系。所以，不仅要在正规教学中这样启发学生，而且要使学生实际体验，让他们参观工业实验室或科学试验站，若有可能的话，还可以让他们在那里实习一段时间。现代大学的科学教育，应该复兴古典大学那种博雅通识的人文精神。这并不难实现，包括建立科学家、历史学家和社会学家共同参与的学会，由这些学会定期召集大家一起自由探讨影响深远的重大问题。这是一个科学和人文融合的问题。

当然，所有这一切都需要大学增添人员、设备和经费。不过大家应该明白，这些举措若形成常态、有一定规模，实际开支并不会增加多少，反而这些工作应该可以很好地促进大学的科研工作和科学教育，可谓是相得益彰、功在千秋的事。

大学的科学教育体系中，还有一个问题是争执不下的，那就是职业教育。究竟是否应该根据学生将来的职业选择在大学设置若干相应具体职业课程，换言之，是否应该为将来从事科研、教学或企业工作的人分别设置不同的科学课程。我认为，这种做法似乎并没有特别的意义。大学的招生标准是建立在智力基础上的，虽然无论未来从事何种职业都需要专门训练，但期望学生在刚入学的时候就决定自己未来的职业选择，是不现实的。解决这个问题的办法不是设置职业课程，而是在设置基础科学课程的同时，在高年级增设一些特殊训练和科研指导，并鼓励有志以科研为职业的学生继续更高层次的专业教育。

目前实行的专业教育，并不能达到专业教育的目的。目前，学校过于集中地教授化学、生物等固定学科，这些学科内容繁多，学生无法实现能力的培养。有一种思路，是在开设若干通识课程的基础上再增加可以称之为"样品"（sample）的系列课程，也就是在学生将要从事的具体领域内，实现比较深入的专业化。牛津大学正在尝试这样的思路，效果良好。配合通识课程，学生还可以选修若干门"样品"课程，这些课程所涉及的领域可谓是五花八门、天南地北。这样的目的是，大学培养出的学生不仅能很好地从事专业科研工作，而且能理解科学究竟在做什么，以及如何在理论和实践中用科学来造福人类。

这样一来，现代大学的三年学制完全不够了，这已经成了一个严重的问题。科学的广度和深度都大大增加了，很多国家已经把大学学制延长为五年或更长。延长学制的问题，既有学业方面的，也有经济方面的。在目前条件下，延长学制意味着，学生实现经济独立的年龄被延后，这将导致其在职业竞争中处于不利地位。如果没有完善的配套补助办法，只能使贫寒子弟更为艰苦。可以考虑，把延长学制的后几年明确为研究生阶段。在延长学制的大学里，研究人员可以同时兼有学生、合作者或教师的身份，他可以选修某些高级课程，也可以自己独立进行研究并可以根据自己的研究成果授课，也可以参加学术讨论会。与普通大学相比，延长学制的这些大学里的后期工作可被视为一种职业或至少是见习期的职业。作为研究生，他们将得到一定收入，他们可以做出有益的研究工作作为回报。甚至也可以允许他们结婚，苏联的很多大学就是这样，这要比英国政府发放津贴但禁止结婚的办法好得多。当然这类制度可以有很大弹性。

目前大学里的科研工作还不是一种完全得到公认的专门职业。大部分此类工作是由大学中的教学人员来承担的。教学与科研之间的合适比例还没有得到确认。目前的办法是把研究人员分成两类，一类是有空暇来从事科研的大学教师，另一类是偶尔客串讲课的科研工作者，毫无疑问，其效果是令人不敢恭维的。大学教师应该有更多时间进行科研，科研人员也应该承担更多的教学工作。这两种类型的人，由于彼此之间个性和气质的根本不同，而总是很难做到教学与科研的融合。所以在实践中，应该鼓励教学与科研相得益彰，而不是对立起来。

关于大学的科学教育，还有一个话题，是关于社会科学。进入20世纪，在科学与人文学科之间产生了很多新学科，包括心理学、社会学、人类学、经济学等，我们称之为社会科学。这些学科刚刚脱离单纯收集材料与描述事实的阶段，正在建立本学科的框架和方法论。这些学科尚缺乏公认的理论体系，也存在着一些彼此矛盾的各派学说。每一学派都设法在内部取得某种一致性，然而各学科总的状况却比较混乱。原因在于，人类社会存在和发展具备高度复杂性，这些学科涉及对人类社会现象的诠释，因而就必然直接触及伦理、政治和经济因素，社会科学各派学说也就无意识间反映了各种不同的社会思潮。

在这种情况下，无怪乎这些社会学科的教学现状非常令人沮丧。抛开这些学科本身的理论混杂不说，在所有国家中，甚至在表面上看来民主的国家中，这些学科的教学也都存在着维护正统观念的明显偏见。而在法西斯国家中，这种偏见更是变本加厉，以致严重歪曲事实，使这些学科属性完全脱离了科学研究的范围。在英国，这种偏见以一种更为巧妙的形态出现，表现为一种表面看起来颇为严谨的科学态度。按理说，一切可直接导致某种具体实际行动的观点，都应被认为具有倾向性而遭到排斥，所以，目前社会科学的研究也仅限于纯粹的分析，很难产生真正科学意义上的理论成果；除非社会科学接纳自然科学的研究态度，即面对事实，不设立场，逻辑论证。科学态度是追求理性而不是迷信。科学态度与非科学态度的分野不在于是否想取得成果，而在于是否愿意在无法用预设的方法取得结果时，就承认事实，并设法改用其他方法。

或许，只有等到我们的社会可以安然无虑地让学者进行合理的调查研究时，社会科学的环境和条件才可能大大改善。不过目前，至少在民主国家中，社会科学各学科还是有可能取得一定成就，进而取得更大的统一和共识的。社会科学对于理解人类社会现象是非常重要的，正像生物学中的行为和起源密切相关一样，我们对人类社会进行全面的研究时，也不能把个人行为与背后的政治和经济关系割裂开来，或者把社会结构与先前形态的发展过程割裂开来，那样就难以理解社会现象了。我们需要了解人类社会的连贯而统一的全貌，这其中，经济学、心理学、人类学的分析，以及对历史的重新拟构，都有独特意义。未来的趋势是，社会科学从分析和描述，将逐步走向实验和应用。

以上，我已经对大学科学教育的改革设想做了粗略的阐述。我自始至终强调科学与各学科之间的连贯性，以及改革与当前社会结构和未来社会发展的内在关系。我希望这一阐述能够大体上指明，应该采取什么措施，才有可能培养出训练有素的学生，并能将科学教育的精髓合理应用到未来的科研、教学和其他职业工作中。我的设想并不是具体的改革细目，而是要大家认识到进行广泛改革的必要性，并且期盼一种有组织的规划，能够促使这种改革尽可能既雷厉风行又顺畅见效地实行。

3. 科研工作与科学组织的改革

对科学研究的组织方式加以批评，要比提出任何有效改革措施容易得多。检验改革措施的唯一办法在于实践，我们无法预判这些改革措施在消除已知弊病的同时，是否会引起意想不到的其他弊病。我们已经在学科和机构的改革中积累了一定的实际经验，虽然这都是临时且不完备的，但可以作为一个总的指导方针。针对科研工作，任何改革措施都需要特别小心。因为，科研是一种比教学更为新颖和更难以预料的复杂活动，与企业管理或行政工作相比较，就更是如此了。即使有意愿为科研活动提供更多支持，其具体的措施都有可能无意中限制了科研工作者的自由或想象力的发挥，所以，需要通盘考虑潜在风险，权衡各种改革措施所有可能产生的利害得失。

有两个基本原则，是科研工作改革中需要切记的。一是科学研究归根结底是由个人来进行的，所以首先要充分保证个体科研工作者的科研条件，以期最大程度发挥个体的潜力。二是科学研究是为了造福整个社会，所以需要有效地协调个体工作，以期为社会做出最大贡献。最理想的办法是，使每个个体都能在一种组织形式里尽其所能，这个组织形式又能使个体的工作成果发挥最大的社会功用。所以，如何使组织协调的需要和个体自由的需要统一起来，是一个关键问题。

我们必须明白，科学并非一种可以自给自足的职业，职业科学家从事科研时很少把科研看作是谋取私利的商业投机，那样的动机是错误的，也是被科学界内外所不齿的。正因如此，科学事业需要得到社会、政府或国家的大力资助才能进行，这是科学和其他职业的不同之处。在社会主义体制中大体也是这样，只不过由于每种职业都处于同等地位，作为职业的科学工作者并无高人一等的特殊地位。同样，在资本主义制度下，科学事业的维系与发展不仅需要考虑经费的规划，还要考虑经费的募集与筹措。显然，科学需要与社会的行政和经济体系之间保持一种特别密切、相互和谐的有机联系，相互理解，相互认同，相互支持。

但这是不容易的。科学是一种在社会属性上完全不同于其他社会职业的工作，它很难和其他社会职业天然契合。在目前的体制下，行政人员和企业家普遍对科学事务茫然，科学家也毫不知悉社会事务或企业管理。这样，我们就不得不面临这样的尴尬：科学事务交给专业行政官员管理，他们可能出于善意增加科学事业的经费预算，却不经意扼制和损害了科学发展的内在规律；或者把科学事务交给职业科学家自我管理，他们不善处理行政，无权无势，科学事业可能总是处于半饱和的涣散状态。要解决这个问题，一方面要向社会，特别是行政官员和企业家，多多普及关于科学的知识，让社会民众深刻认识科学的内在属性；另一方面，要让职业科学家更多地学习如何处理公共事务，学会与政府、社会和民众互动，这样，才有可能出现我们期盼的，具备行政能力的职业科学家和熟谙科学事务的行政专家。

无论是科学实验室还是科学研究所，单单进行内部改组是没有多大意义的，我所谓科学组织的改革，就是要把各种科学研究机构广泛地组织起来。任何一个孤立的科学研究机构，无论其管理得多好，除非能够与一个总的规划相联系，否则，都难以对科学事业的发展做出贡献。目前的科学组织较为复杂、混乱且缺乏交流，对科学的进展与其说是一种助力，不如说是一种阻力。我们可以期待一种真正有价值的科学组织形态。科学是一种持续成长和发展的社会活动，因此不应该以固定的模式来看待科学的组织形式，而应把科学的组织形式看作是充满灵活性的，这种灵活性与一段时间内组织形式总体架构的相对稳定性并不冲突。

改革科学组织的总原则在于完整认识其职能：解释和改变世界。科学组织可以按学科来分类，如物理学、化学和生物学等，这可以说就是科研活动的横向分类。但也可以按照科学理论、技术应用和生产实践的过程来分类，这是一种科研活动的纵向分类。这种分类，一方面可以看到科学成果如何应用于社会生产过程，另一方面也可以揭示社会生活和生产中的困难与问题如何促使实验科学家和理论科学家去做出新发现。这个双重的过程一直在整个科学史中交织。现在的情况是，我们才刚刚开始学会用一个更加自觉的、有规划的纵向科学组织形式来取代原先不灵活的、机械的横向科学组织。苏联在某种程度上已经做到了这一点。的确，这个思路本身直接来自于马克思主义关于科学与社会相互关系的思想。它显然是正确的，所以问题不在于去为它辩护，而在于为什么人们以前从来没有想到这一点。

科学活动具有相当的复杂性，可以把科学看作是一种具有广泛实践基础、通过发现和理论深入到未知境界的活动。因此，各学科的基地和前沿之间的距离因学科发达程度不一而有所不同。像生态学和社会心理学这样的新学科是直接从实践中产生的，而天文学和化学这样的学科，已经积累了几百年的独立传统。科学组织当然在很大程度上是根据其内部需要发展形成的。

所以，我们无法为整个科学组织改革提出统一方案，而仅能根据一个复杂的系统提出一种思路，兼顾到科学各个学科的属性及历史。前面已经谈过横向与纵向的分类概念，这些分类并不是绝对的，却能为合理的科学组织形式提供一个有效的基础。可以把科学理论和社会实践的关系大致分为三个阶段，相应地，就有三种类型的科学组织，为方便起见，可以称之为科学院、研究所和实验室。科学院主要从事所谓纯科学工作，也称为基础科学或前沿科学，实验室主要从事具体实用技术问题的研究。二者的中间桥梁是研究所，其职责是从理论到应用。

关于大学在科学组织中的地位，前面已经讨论过了，这里旨在说明，任何科学组织改革的方案都不能回避大学。19世纪的大学供养从事研究工作的科学家并且向其提供报酬，对科学家来说，大学就好比是衣食父母。大学供养科学家当然是有着更深远的社会原因。但今天，既然全社会都已经深刻认识到科学研究对社会的重要性，且科学研究已经成为一种新的社会职业，那么，我认为，大学就应该立足其基础使命——科学教育与人才培养。当然，还是鼓励独立的科学研究组织积极与大学保持密切联系。

建立一个合理的经费筹措制度，将是科学事业改革的重要组成部分。探讨这样一个问题要比讨论科学事业的行政管理困难得多，因为科学经费筹措并不是科学本身范围以内的事，而更多地取决于科学事业所在的社会经济结构。我们将在后面专门讨论充分利用科学为人类谋福利所必需的那种经济结构。在社会主义社会中，整个经济是由人们自觉地控制的，而且可以利用整个经济来达到所希望达到的目标；在资本主义社会中，经济结构的实际控制权掌握在垄断企业及代表他们共同利益的政府手中。

不同的社会经济制度中，科学发展的可能性是不一样的。使科学能在其中发挥充分作用的那样一种社会制度的必要条件是什么？从根本上来说，这是一个更深刻的问题，事关科学自由。科学自由，不单是说对这个科学理论或那个科学研究不加禁止或限制，真正的科学自由不仅仅限于此。但我首先要从经费说起。科学事业若得不到经费的资助，何谈科学自由。不过即便有了资金，且在一定程度上是依循科学发展的内部规律来提供的，科学还是没有实现充分的自由。因为，科学活动的整个周期并不因为有了一个新发现就算完成了。只有当这个新发现作为一个新观念，产生了一种新功能，并为社会所充分吸纳的时候，这个完整周期才算完成。

只有当科学真正在社会生活中发挥积极作用，而不仅仅是提供冥思的时候，科学自由才真正实现，科学事业才能充分进步。这就是科学在17世纪和19世纪初期大发展过程中的表现。那时候的资本主义破天荒地为有效利用自然力量提供了机会。可是今天科学的进步越来越受到限制且被用于卑劣的目的。科学自由的缺乏以及对科学的滥用，也反过来影响了科学自身的进步和健康。有些学科，若建立了一个伟大的传统，科学还是有可能遵循那个传统的路线前进，可是在其他学科，如生物学和社会学，科学的进展已经无疑受到阻碍和伤害了。至于那些与当代社会生活严重脱节的学科，肯定要被淘汰了。

显然，科学事业经费问题所具有的社会经济属性远远大于其纯科学属性。科学事业在推动社会进步中的作用若得到社会的共识,科学事业在合理范围内的经费筹措就不应该遇到什么困难。科学事业所需经费的总额是有限的,除了在一些特殊时期,为科学事业筹措充分经费理应是没有什么困难的。把科学事业合理地组织起来,可以使社会迅速而直接地受益,这项投资的回报是非常值得的,毕竟总投入也就不超过国民生产总值的百分之一或二。

科学事业需要组织起来,这应是社会的共识。而一种组织形式,不论规划得多么完善,也不论它与社会规划结合得多么密切,如果它不能代表推进这个组织形式的人们的实际愿望,就毫无用处。因此,只有根据科学家自身的态度和公众对科学的态度,我们才能预估科学组织改革取得成功的可能性。迄今,科学界还存在一些观念,即不相信任何组织化的形式。这种不信任,部分来自于传统,即认为科学需要保持高度自由,不受任何组织的约束或限制,部分来自于国家控制科学的教训。我认为,科学界迫在眉睫的真正危险,不是来自对科学的全面压制,而是对科学的错误利用。应该把现代科学的自由看作是行动的自由而不仅是思想的自由,为此就有必要组织化。当然不是企业或者政府机关的那种组织形式,那样的话,科学事业肯定会夭折。所谓组织起来,并不意味着就一定受到某种纪律和规定的束缚。正如我们已经说明的那样,它可以既自由灵活,又井井有条。如果科学事业能以民主形式来实现民主精神,任何一个科学组织都会在科学事业的实际进步中保持固有的团体精神，积极进取，追求真理，造福人类。这样的科学组织，需要所有的职业科学家一起来努力建设。

建立合理的科学组织，不能单靠科学家自身。科学家总不能强迫社会接受他们的工作，他们应该成为科学与社会之间自觉、自愿的伙伴关系的一环。广大公众应更加充分认识科学的卓越成就和未来发展的可能性。为了使科学事业充分发挥潜力，也需要妥善地组织社会经济，使科学事业追求普遍的人类福祉而不是私人利润和民族扩张，并成为社会经济活动的目的。科学事业的健康发展，更需要、更适合这样的社会经济制度。因为科学事业一向是职业科学家的社区，他们彼此合作，共享知识，服务社会，他们并不追求个人利益或权力。他们始终秉持理性，具有国际观和人道主义视野。因此，从根本上来说，他们的作为与社会主义运动力求把平等均富的理想从知识界扩大到社会经济领域的努力，是殊途同归的。为什么科学家自身或社会大众到现在还没有充分理解这个基本的共同点呢？！

4. 科学事业可以统一规划吗？

在讨论科学事业的经费和科学组织的改革等问题之后，我们面临另一个更为具体的问题，即如何指导科学事业的发展，也就是说，是否需要制订一个科学事业的远景战略规划。这似乎有点玄秘，科学发展的未来能够规划出来吗？的确，科学就是发现人们过去所不知道的事物，在本质上是无法提前预知的。在许多人看来，规划科学事业是逻辑不通的说法。不过这种观点过于绝对，实际上，科学工作离不开规划，否则科学事业就无法进展。虽然我们的确不知道自己可能发现些什么，但我们首先应该知道到哪里去发现，如何才能发现。短期规划本来就是科学研究所固有的，而长期规划则含蓄地体现在对科研人员的培训中。如果不是考虑到化学还需要研究50年的话，就不会去培养化学家了。发展规划的确就这样含蓄地存在着，不过它似乎兼有经验和机会主义的味道。我们提倡，应该制订一个更加自觉的、深思熟虑的规划，同时充分关注到科学发展的不可预知的属性。

显然，这样的规划需要科学领域全部的工作者通力合作，且由此得出的并不是一个具体规划，而是规划的纲要。它当然不是一个微观工作计划，且当把不同学科所有的发展前景汇编成一个科学总规划时，大家很可能就发现，其已经偏离原来的侧重点了。不过，即使这种规划只是为了团结大家向着共同的事业前进，那也还是值得尝试的。灵活性是任何规划的首要准则，刻板地执行预设规划将事与愿违地伤害科学事业。任何规划都需要定期地、经常地修订。通常会为整个科学事业制订5年或10年规划，同时也为各门具体学科制订短期规划，这是可行且必要的。规划可以随时修订，任何时刻，新的综合发现可能极为重要，必须相应地对原先规划进行全盘修订。虽然，新发现的长远影响往往需要多年后才能表现出来，谁也无法在当下就预判未来的态势。在这个问题上，我相信，自觉的规划理应比目前无序的发展要有效、灵活得多。

谈及规划，我们应该明白，科学知识的进展从来不是，并且也不应该是整齐划一的，总是会有一些优势领域，在那里知识进展相对容易而且迅速，在那里，未知领域的束缚很容易突破并形成新知识的生长点。目前，这些优势领域包括核物理、量子化学、固体和液体结构、免疫学、胚胎学和遗传学。很自然，现在的趋势是，众多有才能的科研工作者正不约而同地奔向这些地带，紧随其后的还有更多的跟风者。正像淘金热，跟随在有经验的勘探者后面的人，大多不过是想快速发财而已。结果，其他暂未显示出优势的科学领域很可能被无情地冷落，而且由于失掉了本来可以产生新知识的机会，学科甚至可能倒退。化学在20世纪的成绩，就无法与它在19世纪的巨大进展相提并论，原因就在此。这也反过来说明，规划具有必要性。一旦那些被遗忘和冷落的学科受到应有的关注，并借鉴优势学科的新原理和新方法，它们也就会水到渠成地成为新的优势领域，再为其他学科提供新知识、新机会。只要规划和组织得好，这个链条就可能一直推动下去，科学知识的进步与更新就不至中断。

当然，不可否认，科学领域中也存在这样一些知识地带，在那里人们走进死胡同，某一学科似乎进展受阻，遇上了无法克服的理论或应用困境。18世纪后期的电学就处于这一状态，直到伽伐尼（L. Galvani）和伏特（A. Volta）的发现，才把它从这种状态中拯救出来。19世纪，在显微镜发明以前，生物学一直止步不前。分析技术的滞后，也使得遗传学始终进展不大，这种情况一直持续到1900年。宇宙物理学今天也停滞了。这些学科发展受阻的实例，说明了科学工作的确需要加以全面的规划和组织。

某个领域的科学工作者可能认为某些问题难以解决，可是在另一个领域中却可能早已有了现成答案。如果遇到的困难完全超出了现代科学力所能及的范围，显然就需要把这个学科以及相关学科的人员集中起来协作。恰恰是在科学观察不一致或科学假说相互矛盾的领域，我们才有可能去质疑旧理论是否存在着内在的缺陷，才有可能去建构新理论以突破这些未知领域。

物理学在 19 世纪末就处于这种状态，后来由于一系列幸运的偶然事件才摆脱了这个局面。不难看出，假如当初对物理学有了更为全面的认识，并且对此前熟视无睹的非正常现象加以留意，或许历史就改写了。当然，我们没有资格苛求前辈，我们也会重蹈覆辙。在科学史上，解释为什么没有发现，比解释为什么有发现，要难得多。但我想强调的是，有组织的科学规划可能带来的好处，显然就是尽量减少这种情况的发生。

另外，还存在着从未有人涉足的未知领域，扩大科学疆域可以为科学本身和人类社会都带来好处。我们的日常生活，在很大程度上还是受到传统习惯的影响的。这些传统多少有经验层面的好处，然而却没什么科学根据。在 20 年以前，我们甚至还不明白或者不肯费神，从科学角度研究一下吃饭睡觉或养育子女的问题，甚至到现在，我们的整个家庭事务，包括吃饭、洗衣和烹调等，也都还没有经过科学层面的审视。即使是在纯科学的领域，各学科之间仍然存在未经踏勘的不毛之地。物理化学和生物化学所取得的巨大成就，就是填补这种空白的案例。但生理学和心理学之间、心理学与社会学和经济学之间的空白，大体上还没有被填补。我认为，任何前瞻性的科学规划都应敏锐地看到这一点，要把现有的一部分精锐的人力资源合理地引导到这些亟待开发的科学未知领域中来。

200年来，科学分科的迅速增加表明，科学的力量可以迅速征服新领域。但是这种开疆拓土也会对科学事业造成一些局部损失。随着分科的增加，原先单一的领域分离出若干新学科，彼此之间在一开始还有些许联系，但后来就渐行渐远，彻底分家了。物理和化学的关系就是如此，以致到了19世纪中叶，人们感到有必要建立一门新的学科——物理化学，进而把两者联系起来。科学事业的规划应该保障分支学科之间的内在联系，而不是事后才想起建立这样的联系，这是科学发展的内在需求。任何学科取得进展都应及时与其他学科共享成果，但要求其他学科的科研工作者把某一个学科的新成果全都滴水不漏地背诵出来，并不能达到这一目的。科学出版物有责任来促进这些新成果的交流。某个领域可能正需要这种资料，就应有专业人士及时把这些新成果，汇编为既专业又易于理解的读物，而不是仅仅提供原始资料。在科学规划中，应该鼓励有潜质的人员来从事科学编辑、出版和资讯的交流传播，这项工作对于保证科学前沿研究的持续进步是非常重要的。

在科学规划中，需要考虑的不仅仅是科学进展，一旦取得进展，还需要加以巩固。研究科学家的生平和事业史可以从中得到很多启示，这些启示过去一直没有挖掘出来，但对未来的发展却是很有意义的。回顾科学史，当时很多人的很大一部分工作似乎都白做了。之所以如此，并不是因为他们无力去解决任何一个具体问题，而是因为他们实际上不可能在所有相关问题上全都取得进展。他们缺乏一个类似学派的无形组织，从而可以协调众多相关研究。这个无形组织的意义就在于，可以保证科学家在迅速打开科学前沿阵地后，及时补充后援人马、巩固阵地，展开必要的大规模合作研究，从而不至于让那些颇有前途的前沿工作因为缺乏后劲而白白夭折。这是来自科学史的经验，也应是科学规划的一个重要部分。

在一门新学科的主要框架、理论结构和方法体系已经基本厘清之后，打扫战场的工作总是需要完成的。开启新领域需要开路的领军人物，但也需要一些细致、耐心和有条理的科学工作者，来完成后续这些日常性的辅助事务，承担论证、完善、细化普遍性理论的使命。之所以有必要这样做，不是出于一种学究的流程或恢宏的愿望，不是想要使得理论无所不包，而是我们明白，往往正是通过这种耐心的后续研究，才可能发现理论模型失效的契机，而这些契机又可能成为新理论修正的绝佳起点。

科学理论的重要性在于，除非建立充分而全面的理论来为新发现提供逻辑和经验的支撑，否则科学的进展就没什么价值。过去，在很多学科，如生物学中，一方面不断地有人进行重复性但缺乏理论体系支撑的实验，另一方面不断地有人尝试建立普遍性理论，却缺乏实验的支持。显然，理论离不开可重复性实验的支持，但实验也需要普遍性理论的支撑，否则就不属于科学。

应当加强科学理论与科学实验之间的联系。这并不是说科学理论可以预设出来。建立科学新理论是科学家个人的无法预料的特权。我们可能做到的只是向任何在某一个领域进行综合工作的人提供系统化的已有研究成果，避免他们需要额外的努力才能零零星星地收集一些材料。有条不紊、符合规律地规划科学事业，应当能改变目前的混乱无序状态。

目前，在一个科学领域从头进行研究，往往比了解这个领域已有的研究成果相对容易一些，这是有点令人哭笑不得的，之所以如此，并不是因为前人没有研究成果，而是研究成果重复性太多，缺乏这个领域系统化的理论建树。科学规划的目标就是促使科学理论的建立，既与实验的结果相吻合，又可以为今后的实验指出方向。科学理论的建立与发展，本就是科学事业进展的重要标志。

妨碍科学进步的因素不单是缺乏理论体系，陈旧的理论对新知识的拖累也是同样严重的。传统的束缚往往压制了新鲜的思想。科学界若是由"老人"掌权，就定会发生这种情况。由青年人参加相关委员会的工作，是摆脱这个困境的一个方法。另一个方法就是督促年长者定期脱产学习，以免因思维僵化而被时代抛弃。在制订科学发展规划时，应该进一步明确，在任何科学领域，一旦新理论否定了旧观念，应及时对那个领域的理论体系进行彻底的修正。当然，由于旧理论曾经在自己的时代证明是有贡献的，它们一定有值得重视的部分，但这些部分并不一定都被新理论所覆盖，有时旧理论的某些部分会重新出现在后来的理论模型中。光的波动说和粒子说的建构就是这样一个过程。在根据新理论对科学知识进行修正时，应当把这些复杂因素考虑进去，不过，这些因素的存在并不能成为一种理由，让新旧知识永远互相矛盾地交织在一起。一段时间内，这种新旧知识的大杂烩可能会被"乱炖"式地传授给别人。但一旦新理论有了充分成长，或只要人们对实验知识做出了更有竞争性的诠释，任何时候都应该有可能对新知识做出全面性的新论述。这种新论述将为科学领域各学科提供详略不等的事实论证和技术支持，并将成为科学事业进展的新基础。

科学的发展规划还应该始终在基础研究与应用研究之间保持一个适当的比例，包括机构数量、人员数量及经费的比例，并要保持密切的关系。这个比例必然因不同的学科和不同的阶段而有所不同。例如在化学和物理学中，基础理论深刻影响了整个科学领域的进展，且其在具体实践范围内的应用得到了人们的公认，就应该对这些学科给予极大的重视，特别是在应用层面。而在生物学方面，还需要进行比目前多得多的基础研究工作。当然，这只是一个相对的侧重，若刻意把任何科学领域中的基础研究和应用研究都人为割裂开来，是不合适的，尤其是那些还处于知识成长中的新学科。社会学、经济学和政治学之所以研究成果不突出，主要是因为，其尚未与这些研究领域的社会实践活动相结合。研究社会显然比研究物质世界更需要与社会活动密切结合，仅有基础理论是不够的。

这里，我要就社会科学再谈几句。社会科学，包括心理学，都是为了解决社会结构和社会管理的问题，这个领域特别需要优秀的人才。但目前，我觉得，我们的社会似乎并无进行这方面研究的动机。一方面，我们的社会达到了文明与繁荣，另一方面，我们又看到了人类的野蛮、贪婪、愚蠢，甚至自取灭亡的行径。理论和实践之间的矛盾当然是再明显不过了。物理学以及生物学的新发现即使会滞后，但迟早会得到应用的。可是社会科学理论的新发现却仅仅被看作是学术研究而已，一旦这些新发现看上去意味着有更合理的方式来管理社会的话，很可能就会被加上莫须有的罪名而加以禁止。

因此，我们无法脱离社会科学各学科所处的社会发展阶段来预测社会科学，包括人类学、心理学和经济学的发展前途。只要目前的社会制度维系下去，这些学科就注定只限于描述性研究而已。而凡是法西斯主义思潮主导的地方，这些学科就更是首当其冲被糟蹋得不成样子。只有在非常关注人类福利的社会主义制度下，才可能期望社会科学得到充分发展。因为在那里，社会科学已经在实践和理论上都成为社会生活的一个不可分割的部分。

　　社会科学在属性上是不同于自然科学的，自然科学所关注的研究对象是存在一定规律因而可以通过实验来加以确认的一种可重复性状态，而社会科学的对象，是一个由内在条件制约的、独特的、不可复制的发展过程。而心理学的研究对象就不能简单归结为机体对环境的反应，因为人本身始终受到家庭和社会因素的影响，家庭本身又是与经济社会结构相关联的。弗洛伊德的著作就是研究家庭对心理的影响。

　　在一定意义上说，心理学还不是一门科学。它包含很多根深蒂固的形而上学观念和宗教观念，要把这些观念彻底消除才能达到有效的客观性。社会学更是如此，它所研究的单元是不确定的且是变化多端的，但可以与经济学和人类学的具体研究结合起来，研究范围在涉及文明社会的同时，也包含"野蛮"族群。只有联系社会、经济和心理状态的起源，才能对这些社会形态进行充分的研究。这个方法主要应归功于马克思。而由于缺乏这个方法，一些思辨性或传统性学科就不能很好地处理好与历史的有机联系。前者只是在摆弄一些抽象概念，像是什么"人性""心理人"或"理性人"等，后者要么是文学说教性的，要么就是学究式地罗列历史事实。毋庸置疑，社会科学各学科的发展方向应当是与历史相结合的，绝不能与历史相脱节，这意味着需要对社会科学和人文科学重新进行一次全面的改革和规划。

我相信，我们需要发展社会科学更甚于发展自然科学。社会科学目前难以得到支持，并不是偶然的。因为社会科学研究的宗旨就是对目前社会制度的彻底批判。在我们目前的社会制度下，社会科学是永远不会得到发展的，为了发展社会科学而进行的斗争同时也就是为了改革社会制度而进行的斗争。

在思考科学事业的前途时，对于其发展的总方向，我们一般是可以总体上加以认识的，并且可以一定程度上从中得出相对可靠的结论。但我们难以预判的是，一些革命性新发现的可能，以及这些新发现对于整个科学发展所起的革命性作用。X 射线和放射性现象的发现就是近来惊人的进展。有人说，由于这种发现无法预测，要进行预测就等于做出了发现，所以规划或展望科学的前途是没有意义的。此话部分是对的，的确，比较重大的新发现并不是凭空出现的，它们是在特定领域中进行集中研究的累积成果，但人们必须首先为某种理由才能在那个领域进行广泛的研究，然后才可能会产生这种发现。在 19 世纪初，细胞繁殖的机制原本是难以预测的，但电子显微镜的出现改变了这一情况。同样，若没有关于气体放电现象的研究成果，X 射线和放射性现象以及由此产生的一切，就根本不会被发现。所以我的意思是，要保证科学事业广泛而全面地发展，应随时准备好把科学的基本发现当作意外礼物来接受和利用。

以上，我们讨论了科学的发展与其内在需求推动的关系。与此同时，我们应明白，科学不是孤立的活动，还有巨大的外在社会应用的潜力，而这个潜力又会为开展某学科的研究提供进一步的理由。迄今为止，科学的贡献主要还是解释先于人类而存在的世界，而不是人类自己所创造的世界。仪器设备在科学研究过程中的作用，并不在于创造新的世界，而是便于人类能够对那个早已存在世界的本来面貌进行解释和分析。不过这仅是一个开头，未来，人类自己所创造的新世界，也需要借助科学来加以考察与研究。我相信，随着时间的推移，人类自身所创造的这个新世界将相对地变得越来越重要，因为它涉及人的各种需要，包括衣食住、健康娱乐、生产运输通信，等等。不过由于这个新世界还在建设中，它必然不那么稳定，所以需要人们对其有更彻底、更仔细的理解，以防止人类被自己创造的事物所摧毁。

5. 科学为人类服务

当我们把人类生活与社会发展视为关注的焦点时，科学活动就会呈现不同的面貌，而且与前面我们所讨论的那样一种"就科学说科学"的语境有所不同。可以说，人的需求和欲望不断地在为科学探索和科学活动提供动力，因此，可以把科学进步看作是人类获取必需的知识以满足人类特定需求的重要方式之一。

就人的需求与科学的关系，我们可以从低级到高级依次分为四级：基本生物需求、社会实现需求、变革动力需求与精神文化需求，每一级需求都与科学有着密切的关系。

首先是对于衣、食、住、健康娱乐的基本生物学需求。其次是对于实现这些基本需求的各种手段的需求。这些手段包括生产、运输、交通以及文明社会的整个行政管理。再次，在满足旧的需求的同时，社会的发展也会不断刺激新的需求的出现，这就迫使社会不断加以动态变革，因此经济社会制度的变革成为人类社会动态发展的推动力，而这些变革需求的最终呈现形式是由科学决定的。科学往往成为社会经济变革的最主要力量。最后，人类在自己的社会文化（礼仪、艺术、生活观）中认识和表达了自己，这是人类最高级的需求。在这里，不但是实用性科学，而且是科学所展现的精神世界，都将成为人的最高级需求中的最主要因素。

人类早就认识到，社会可以相对充分地满足人类的基本需求。但只有依靠科学，这满足才成为可能。我们也知道，我们还没有做到我们应当做到的地步，并不是因为没有科学，而是因为社会和经济制度有缺陷。从人类基本需求出发，我们现在已经有可能建立一个生产和分配的技术体系来满足这些需求。这就意味着，一旦明确了需求的数量，供应就可以确定，因而也就可以按照现有技术来衡量每一个需求的可行程度。食物研究已经表明，一旦用科学方法确立了最佳营养标准，就可以采取技术和社会行动来加以实现。这种情况下所采取的行动，要比人们用含糊不清的措辞表达饥饿的时候所可以采取的行动，有力得多。也就是说，一旦一种需求可以大体上从科学上阐明，要实现这种需求就变成了一个明确的技术和社会经济问题。一个组织化的社会制度决定满足这个需求并且准备支付费用时，它就变成纯技术问题了。技术可以以非常快的速度解决这些问题。现在我们已经有可能相当准确地预测，为了这一目标需要采取哪些技术改革措施。这种预测虽然超出了现行技术趋势范围，但绝不是空想，换言之，我们并没有提出任何我们无从实现的改革建议。

人类是高度社会性的动物，人类基本需求既包括衣、食、住层面的生理需求，也有社会需求。社会需求对于社会行动的支配，不亚于生理需求。实际上，我们目前社会制度中极不平等的现象之所以能够维持下去，是依赖社会准则的约束力。在很多时候，人们宁愿忍受饥饿和艰苦也不愿破坏社会准则。但生理需求有更大的迫切性，因为人首先得生存。全世界大部分疾病都是直接或间接地由于缺乏基本必需品，如食物的缘故，此外还有很多可以归咎于劳动条件的艰苦。所以，从一定意义上说，人确确实实是被不合理的社会制度害死的。如能充分保障人类的基本需求，世界上每一个人平均多活二三十年是没有问题的。此话听起来可能有点夸张，但一个事实是，英国人平均寿命为55岁，而印度人平均寿命仅为26岁，这两者的差距能说明什么？一个合理的社会经济体制理应充分利用科学来保障人的基本需求。

人的基本需求除了衣、食、住，还包括健康和娱乐。健康有赖于安全的食物和居住条件。从根本上来说，健康需求超越任何其他需求。在相当长一段时间里，人类的健康几乎完全取决于自身的天然恩赐。直到大约50年前，以行医为业的大多人，实际上对疾病与死亡的认识也还是比较肤浅的。他们自称能控制疾病和死亡，但这只是一种安慰，并没有任何科学依据。后来，细菌学的发展帮助人们认识并制服了传染病，但科学仍无法真正治好衰老等慢性疾病。当然，这主要是一个社会问题，而不是科学或医学问题。调查显示，富裕阶层民众的患病率和死亡率相对较低，所以至少在英国，大部分疾病是可以避免的。征服疾病的可行办法是，向全体公民提供良好食物和居住环境，尽可能让所有民众都达到目前只有富人才达到的健康标准。当然，富人们纵情酒色也会自伤其身，这另当别论。

关于疾病的防治，现代医学手段也才刚刚开始发挥效用，其目的是保持社会成员的健康，而不是使医生大发其财。所有医学部门都应该成为公立服务机构，同时可以进行研究和临床。例如，如果能像研究疾病那样，好好研究一下健康，就可以使医学有长足的进展。如果定期进行全民体检并进行全范围的医学统计工作，就一定能探明许多疾病的根源。疾病源自人体构造的复杂性，这是任何机械结构或生物化学结构都不能比拟的。这意味着医学研究的发展需要更多的时间和投入。我们现在已经能在一定程度上预防和医治传染病了。如果全世界的卫生机构都能通力合作，就应该能够完全消灭各类传染病。但这迫切需要建立一个世界性的社会主义国家。健康并非意味着永远不生病，所以还应该更多关注病后的康复过程，了解了这个过程，就有可能加快康复，激发人体抵御疾病的自我康复能力。一旦建立了合理的卫生管理体制，医学的进步可以逐步使得疾病仅成为绝大多数人生活中的一件小事，而这应该是可以实现的一个目标。

拥有了健康，那么工作之余便是娱乐。人们渐渐认识到，休闲和娱乐在一切社会中所起的重要作用，特别是在这样一个生活节奏越来越快，越来越物质化、世俗化的社会中。文明的发展理当为人们提供更多的闲暇惬意和精神享受。我们可以把闲暇时光用于创造或娱乐，当然也可以把闲暇时光浪费在无聊之中。我们目前的社会制度在一定程度上阻碍了人们把闲暇时光用于创造，因为新的创造就会带来新的价值，这自然会妨碍目前的竞争格局。琐碎家务劳动也是闲暇时光的一种创造，可以从中看出，人们在具备技术、设备、协作和鼓励的条件下，能够做些什么或愿意做些什么。从另一方面来看，休闲与娱乐几乎完全商业化了，始作俑者是有钱人，他们终日游手好闲，吃喝玩乐，其实大多数人限于财力享受不到这些娱乐。听广播、看电影、看体育比赛，这些娱乐方式便宜，但有点消极，当然比无聊略胜一筹。迄今，科学在娱乐方面的应用，实际上还远远不够丰富多彩。

我们期待一种新型社会，其中，科学的贡献将大不相同。不过要预言其具体表现形式却是困难的，因为娱乐之特点在于其自发性。我们能够预言的是，不以盈利为目的的科学进展将在扩大物质生产的同时扩大我们娱乐的能力。娱乐可以变得更加专门化，更加有个性色彩，更加多样化。电影、广播和电视的新技术，除了提供我们平衡世俗物质生活的奇思妙想或者培养我们欣赏新兴娱乐方式的审美能力之外，还可以大有可为。新技术带来新娱乐，这过程不但可以分享不同情感之间的相互交流和认同，而且还可以通过探索新的未知领域开辟新的未知感受。这都是大大扩展人类经验认知的手段。也就是说，可以通过科学推动人们把休闲用于创造。无论是自发的个人探索，还是合作性的共享服务，都将找到大展宏图的新领域。更为重要的是，在此过程中，人类将找到一种天生我材必有用的感觉，体验到一种不虚此生的自豪感。对很多人说来，科学本身将成为一种趣味无穷的娱乐与休闲。

但是我们有必要把眼光放得更长远一些。一方面，自然世界足够人类消遣和享受。只要充分合理利用科学，这个世界将源源不断地为我们打开新的风景。另一方面，人类自己正在建设和改造的社会，也是一个新世界。这个新世界为我们提供的享受和趣味将不亚于其他层面，如衣、食、住和安全保障，等等。我们谁也无法具体描绘这个世界的前景究竟如何。所有的乌托邦都是悲剧，这个事实提醒我们，理想的新世界的确是无法预测的。但有一点我们是可以相信的，即在以往物质文化生活的每一阶段都曾给人们带来了享受的各种爱好和兴趣，今后还会继续。目前这些爱好和兴趣还只是停留在汽车、飞机和广播电视的层面，商业化娱乐和贵族市侩在很大程度上妨碍了这些爱好和兴趣的正常发展。一旦消除了这个阻力，像苏联那样，民众对于建立一种新的更广泛的社会文化，就会产生巨大的愿望和热情。

6. 科学与社会

随着社会文明程度的日益复杂，社会管理也变得十分重要。无政府主义或官僚主义都会破坏我们本可以从科技进步中获得的益处。所以有必要把科学应用于社会管理领域，否则文明有可能会被我们自己所扼杀。

就社会管理而言，一方面要使日常工作简单化和自动化，另一方面要提升对指导协调和规划工作的认识。通信领域中已经成熟的新技术可以立即应用于行政管理，特别是高效处理统计资料。这样，对于规划和预测工作所不可缺少的大量数据，我们就有能力去进行收集、统计和分析。不过要特别注意，不要因此让人变成技术或机器的奴仆。

防止这一危险的办法就是培养一批应用型社会学家，他们既能够理解复杂社会的内在发展机制，同时又受过普遍而专业的社会培训，可以很好地应用科学服务于社会管理。

在现代社会，行政官员必须面对的一个棘手问题是如何处理好区域管理事宜。众所周知，现代交通与通信技术的发展，使原有行政区划意义上的"区域"概念已经没有意义了。一方面，公共事业应该实行集中统一管理，以提高效率，避免分散浪费；另一方面，区域经济的多元发展，又加剧了区域分散性，形成了去集中化的格局。虽说这两方面不一定是相互矛盾的，但如何将两者结合起来，却是社会管理值得探索的一种新的组织形式。显然，只要合理加以规划，这种形式不一定十分复杂。

目前社会管理的组织形式之所以复杂，主要是因为资本主义社会在通过技术革命而成长的过程中，没有同步地对社会管理进行任何彻底的改革。我相信，应该有可能建立起一种灵活而合理的社会管理制度，既能保证总体经济的效率，又能保护和促进区域文化，更能充分利用科学服务社会，进而更好地促进科学事业发展。

要全面描述或预测科学对人类社会所可能产生的影响，肯定是不现实的。我们总是过分依赖于根据现在去预测未来，而未来的可能性一定大大超出目前的趋势，这是人类认识层面的先天不足。但是，任何不足都不妨碍我们理解科学的社会功能，现有的以及未来的。科学的功能可以有两个层面的理解：其一，解决人类已知的难题；其二，开辟新的领域以满足社会的未来需要。关于第一点，我们已经讨论了很多，科学可以解决衣、食、住、行、疾病防治，甚至闲暇娱乐等难题，从而可以为个人和社会发展提供机会。关于第二点则比较难以具体说明。因为未来新社会的人们究竟要如何利用科学、究竟从事哪些活动，都得要由他们自己来探索，而不能由我们来回答。这里，我只是就科学的总体社会效果，做一些探讨。

  人类面临着巨大的任务，包括最终征服太空、征服疾病、征服死亡、征服现有生活方式。苏联征服北极的工作，就是人类未来科学活动的先声。一旦有了一个组织完善的世界性社会，这类工作还可以大大向前推进。未来的问题将不再是如何使人类适应世界，而是如何使世界适应人类。例如，北极及周围一望无际的冻土、冰川和冰海都是冰河时代地质变化的遗迹，也许未来某时候会自行消失，使其成为令人舒适的地方，科学可以帮助人类实现这个过程。可以想象，用科学方法使大洋暖流转向，再采取科学办法对冰雪着色，使冰雪在日光下融解，这样就有可能使北极在某一个夏季消除积冰，进而就可能打破原来的平衡，改变北半球的气候。未来类似的科学探索还包括对海洋、沙漠及地热加以高效利用。此外，我们还可以设想，人类社会如果想要摆脱不可避免的地质灾变或地球毁灭，就必须找到脱离地球的方法。尽管在目前看来，宇航是多么地难以想象，它的发展却是人类生存所必需的，即使人类目前可能并不需要。面对未来，必定还有我们现在无法想象的诸多重要任务，而科学在完成这些任务的过程中，必将发挥关键的作用。

那么，我们究竟是应该帮助科学实现其使命，还是应该给科学泼凉水？或许，科学为我们所提供的新世界前景和未来的可能性，再也不能像罗杰·培根时代那样引起人们的极大热情了。在文学界甚至在科学界内部，不乏对科学的保留态度。我想，这一方面是因为人们对迄今科学所取得的成就感到不满，另一方面或许是由于人们没有认识到科学事业中的人文关怀和诗意多彩，还有就是人们完全不能设想与今天生活方式大不相同的未来社会。

在现有的政治和社会制度下，这种保留态度完全是有理由的。正是由于过去科学的不当应用，我们才陷于这样一个困境，战争和经济危机不再是偶然事件，而是迫在眉睫的威胁。在现有制度下，如果科学事业沿这个方向进一步滑落，这种威胁就会成为事实，并带来更大的破坏性。因此，无怪乎科学家和普通大众对整个科学发展的前景没有报多大热情，尽管他们并不是在反对科学本身。目前科学的现状恰恰有力地表明，科学与社会的关系极其不合理。科学的进步理应为人们带来高品质的生活，而不是更多危险、担忧和不便。科学理应把人类解放出来进而承接新的使命，而不是陷于经济、社会和文化生活的混乱和衰败。一旦我们承认有必要且有可能建立一种新的制度，实现科学与社会的良性互动，那么对于发展和应用科学的保留态度就站不住脚了。因此，为了人类社会的长远利益，为了科学事业自身的未来，我们必须努力去成就这个新制度的建立。

有时候，这种对于科学的保留态度，还有一个深层原因，就是人们不愿意看到一个完全"科学化"的世界，当然也就不愿意去努力实现这样一个目标。这种态度归根到底是一种文学化的矫情与呻吟，是一种渴望简朴生活但却根本不体察生活疾苦的臆想与天真，是一种对现状不满而产生的错觉与逃避。这种态度流行于文学界是不足为怪的，它出现于很多文学作品中。不过，这些乌托邦作家们没有能描绘出令人信服的或者引人入胜的境界，从某种意义上说，他们都是现状的受害者，他们不理解社会力量，仅依照现状去描述与幻想。除了细节、情调、诗意，就是幻想和逃避，所有的乌托邦作品都具有令人厌恶的特征：由于完美而缺乏自由，由于想入非非而无所作为。换言之，作为一个现代乌托邦的公民，便是自生至死都得到完美照顾，不需要亲力亲为做任何事情。乌托邦公民尽管身体健康、仪表堂堂、和蔼可亲，却似乎就是机器人和道学先生了。平心而论，如果这就是人类社会的未来，的确是不值得努力的。

无论如何，要使现代的人接受一个新世界和新文明，是很困难的，更何况人们对未来社会充满了错误的想象。一种是建立在传统技术基础上的社会生活，一种是建立在现代科学基础上的社会生活，我们正看到社会从传统走向现代的巨大变化的开端，这完全是天壤之别的两种社会形态，突出反映在完全不同的自由观中。传统社会的自由仅是一种虚假的事物。在这种自由中，完全没有对必然性的认识。这种自由的基础在于通过市场表现出来的社会关系。乍看起来，似乎所有人对自己所有的一切都拥有自由处置权，但其实，他们都得服从普遍经济学法则，这些法则本是由社会形成的，却被当作自然法则而接受，因为人们并不理解这些法则。在一个新的现代社会里，自由是源于对必然性的认识，每一个人只要认识到，自己正在一项共同的事业中发挥一种自觉而确定的作用，他就是自由的。今天的我们大概很难理解和欣赏这种自由。事实上，只有当我们生活在这种自由当中的时候，我们才能充分认识并享受它。

我们时代的可怕与苦难，就是由于人类迟迟难以学会开启自己的新力量。在一个旧制度下，处处是个人的力量，而在新社会中，个人将自觉地与社会一起表达，个人与社会将融合在一起。这是人类社会面临的巨大挑战，我们如何适应这样一种新社会的形态，显然，靠乌托邦式的幻想或岁月静好地去安逸等待，都是荒谬的。可以想象，建立一个新社会一定会充满困难和斗争。虽然，科学为我们提供了强大力量，但这并不就等于说，我们可以舒舒服服无所事事地过日子。科学把我们从束缚中解放出来，我们被释放的精力将用于更有意义、更艰难的任务，那就是建立一个真正合理有序、文明健康的新社会。

为什么有人认为建立科学的世界秩序是不可能的呢？为什么有人认为科学的世界秩序即使做得到，也不值得去争取呢？原因就在于，人们对于人类自身本性根深蒂固地缺乏信心。那些怀疑论者看到了现实世界无法摆脱的困境，看到了人们麻木不仁地甘心接受现有的种种苦难，但他们没有意识到，这正是既得利益集团为了维持现有经济社会制度而有系统地促使人们堕落的结果，他们也没有意识到，为了战胜这种制度所正在展开的、表面看来没有希望却永恒不朽的社会斗争的进步意义。

"新世界"并不是从外面强加于人类的事物，"新世界"将是由人类自己创造出来的。我完全相信，创造这个新世界的人们及其后代将知晓如何来管理它。虽然任何社会形态不会永远完美无瑕，但从基于理解的行动中所产生出来的自由和成就，总是会不断增长的。乌托邦的理想，并不是一个幸福得值得陶醉的境界，而是持续克服困难和持续进行斗争的基础。

我们前面讨论了科学的一些直接用途，包括用于直接满足人类需要，以及用于社会生产以满足现代社会的需要。这些当然不是科学在社会中全部的用途。科学常仅仅被人当作一种满足欲望的手段加以利用，而科学本身却和这些欲望无关。科学有时好像变成了不相干的社会力量的奴仆，有时又好像是一种外来的不可理解的威力，有用但又非常危险。

科学在现代社会中的地位有时就好比是某个野蛮君王宫廷中被俘的工匠。这在很大程度上的确就是科学在现代资本主义社会中的真实写照。如果这就是全部，那我们对科学也好、对社会也好，也就不能抱有什么希望了。幸而科学还有更重要的功能，即社会变革的主要力量，它起初是通过技术变革不自觉地为经济和社会变革开路，后来就成为激发社会变革的更加自觉、更加直接的动力了。

迄今，人们对于科学的这种社会功能，并没有什么深刻的认识。人们要满足的，要么是对衣、食、住、行的基本生理需要，要么是通过财富的积累而在社会上获取权力和声望的社会性需要。科学当然是在满足人类的这些需要的过程中成长的，不过随着它的成长，人们才慢慢更加理解它更广泛的社会功能了。

科学已经不再是千方百计满足和讨好人们的欲望的手段了。我们需要在更广泛的范围论述人类社会面临的一项新任务。这个任务已经初露端倪了，那就是，要让人类社会保持在健康而高效的文明水平上。办法是什么呢？一旦达到了这个水平，我们又如何才能激发社会文化发展的无限潜力呢？这是我们时代的关键问题。要解决它们，首先就要大大扩展科学的疆域。不论有多少物理学和生物学知识显然都是不够的。因为，解决这个问题的障碍不再主要来自科学，而是来自社会。

要应对社会阻力，首先必须了解社会。如果缺乏对社会的了解，自然也就谈不上对社会的改造。当下的学院派的社会科学知识，对于改造社会完全没有意义，必须对这种社会科学加以扩大和改造。社会科学必须同建构它的社会力量相互关联，才能成长起来，成为真正的科学，进而才能成为改造社会的伟大力量源泉。

7. 科学与社会变革

在分析了科学事业目前存在的问题、可以改进的地方，以及这种改进可能产生的结果之后，我们应该明白，如果要使科学可以充分地为社会服务，在改革科学的同时，也必须进行社会变革甚至是相当激烈的社会变革。社会改革的目的是建立一个科学与社会良性互动的新社会。我们接下来要讨论的话题，事关社会变革的前景，以及阻碍或者推动社会变革的力量。显然，这不单是一个科学的问题，甚至根本就不是一个科学的问题。正如我们已经阐明的那样，要想使科学事业发挥应有的积极作用，就需要对社会的经济和政治组织进行必要的改革。如果缺失这些改革，即使能在科学事业上做一些小小的改进或局部纠正某些弊端，也不能使目前这种低效、浪费、令人沮丧的社会制度发生根本性的变化。

所以制度改革对科学和社会来说都是同样必要的。为了实现制度的改革，科学家必须和力求实现同一目标的其他社会力量共同发挥作用。科学应该是一种变革力量而不是一种保守力量，不过它的全部功效还没有充分显露出来。科学不仅通过技术变革不自觉地和间接地对社会产生作用，更通过思想的力量直接地和自觉地对社会产生影响。人们接受了科学的思想观念和方法，就是对人类现实的一种含蓄的批判，而且还会开拓无止境地变革现实的可能途径。科学家理应把发展和传播科学思想当作自己的本职工作，而把这些科学思想化为社会行动却要依靠社会力量。自从现代科学产生以来，这个过程就一直在进行着，不过是零星地进行着。今后应促使科学家的工作更加自觉、更有组织、更有成效；促使民众对科学家的工作有更深入的认识，且把两者结合起来，以便共同努力在社会实践中去实现科学所提供的无限可能性。

关于科学对于社会生产方式的影响，我的理解是这样的。这种影响目前是，而且很可能在今后很长时期内依然是科学发挥作用的最重要方式。在这个意义上说，目前世界所面临的麻烦是科学造成的，而且完全是由科学造成的。

当然，科学并不是直接制造了这些麻烦，但它的确促成了技术的发展。旧的经济和政治制度已越来越成为一种障碍，束缚了技术的正常发展。科学提供的可能性，只有通过在全世界建立一个新的、有秩序的、统一的政治和经济体系才能得以实现。

在科学促成社会变革的过程中，并不需要科学家抱有任何自觉的目的。他们是通过自己的专业工作，而不是通过自己的经济地位、社会知识或者政治信仰来证明科学如此具有力量。这种力量正由于科学家的非自觉而显得格外震撼。除非完全取消科学，才能阻止科学进步对于社会改革的推动。

我们看到，有些社会人士总是诚惶诚恐地企图压制科学，说他们诚惶诚恐是因为，虽然当权者都担忧科学是一种变革社会经济体制的力量进而可能危及他们自身的统治地位，但所有人都明白，在我们的社会中，科学仍然是所不可少的，无论是和平时期的财富积累还是战争时期的胜利保障。于是有人试图把科学对社会的价值仅仅限制在这两个方面，一旦科学的影响超出了这个范围，就要企图压制科学或抵制科学。这是一种对科学事业的摧残。

职业科学家应该警觉到这种摧残的可怕后果，并自觉去思考和追问事关科学事业健康而稳步发展的一些深层问题，例如：科学对于社会来说，到底意味着什么？科学事业为什么会受到这样的阻碍而不能正常发展呢？许多不同领域的科学家长期以来已经对此深有感触。但直到今天，这种认识才超越各学科领域的界限，而成为普遍的共识。科学家已经逐步意识到，需要团结并站出来，大声疾呼让科学健康发展并合理利用科学为人类造福而不是毁灭人类。虽然这种声音对社会的直接冲击还没有那么大，但这毕竟是一种值得重视的力量。在目前的社会制度下，如果这种声音无法得到响应和配合，那职业科学家的态度只能是从心甘情愿的合作走向无可奈何的勉强应对，或者干脆拒绝合作甚至消极对抗。与此同时，职业科学家将坦诚告诫民众，究竟是什么样的一种邪恶力量，摧毁了科学事业并阻碍了科学所本应带来的社会福祉。

8. 今天的职业科学家

职业科学家影响和决定了科学事业的发展，但这一点能不能实现不仅取决于外在的社会环境，也取决于职业科学家自身的社会地位、精神气质和职业动机。从19世纪到20世纪的科学发展，一方面使职业科学家人数倍增，另一方面也造就了与早期科学家气质十分不同的新一代职业科学家。不可否认，由于科学事业已成为人类社会的一个重要组成部分，于是今天的职业科学家往往失去了独特性，愈加融入一般社会职业者之中了。要考察科学在社会变革中可能起的作用，必须考虑到这个因素。

职业科学家在早期曾经代表一种自由的力量，现在却再也不是了，而几乎成为政府的、企业的或大学的依赖薪金的雇员。由于需要维持生计，职业科学家真正的自由实际上仅限于提供薪金的机构所容许的范围。联系到一触即发的战争及当下日益重要的备战工作，就可以十分清楚看出这一点。虽然大部分职业科学家内心反对将科学用于战争，但直接拒绝从事相关工作的职业科学家却凤毛麟角，因为他们很明白，如果这样做便会失业，没准有人还巴不得去接替他的工作呢。

接下来,我想谈谈几个因素对于今天的职业科学家所可能产生的影响。

依赖与挟制

今天的职业科学家在经济上受到双重挟制。这意味着,不但个人的生计,从长远来说取决于能否讨好雇主,而且作为职业科学家,必须拥有一个工作领域以提供职业动力并在其中谋求职业认可。也就是说,单是不得罪施舍生计的雇主,还是不够的。为了获取工作领域的各种资源(包括经费、机会、设备、权利等)和职业认可,还必须设法主动去迎合同行,否则难以实现职业生存和职业发展。而那些从事教学的科学家,处境也是非常相似的,自己在经济上可能并不拮据,但还得考虑到学生的长远利益,谁也不希望看到学生因跟随一个持有自由进步观点的导师而受到社会歧视。所以,今天的职业科学家,即依赖于雇主,又受限于工作领域的行规。这种双重挟制的影响,往往在他们谋求更高级职位的时候,表现得最明显。

文化与观念

社会文化的无孔不入以及社会观念的不知不觉,对于职业科学家气质的影响,不亚于上述的经济因素。我们知道,科学人才的挑选和培养途径，对塑造职业科学家的气质，的确起了极大的作用。如果科学人才主要来自中产阶级家庭，那显然，职业科学家的气质不可避免地趋于保守，他们大体上总是倾向于遵奉中产阶级的文化与观念。而在科学发展早期，情况就不是这样。那时的职业科学家寥寥无几，在人们臆想中，他们是思想奇异、行为怪诞的。后来随着科学的大规模发展，许多不同社会阶层和不同家庭背景的人士纷纷进入了职业科学界，他们总是尽量表现得像一个"成功"商人或者绅士。这一点尤其适用于那些出身于劳工家庭的职业科学家。他们是在现有教育制度下进行过艰苦的自我奋斗，因而不同于那些出生于富贵家庭的同行。但职业科学家内部，并不存在社会阶层的压力，只是存在着一种普遍遵守公认行规的默契。

在某种意义上说，职业科学家都是十分平常的个人。他拥有费了不少心血才得到的科学学位，也有自己的家庭。他们在生活中的主要目的无殊于你我。他们希望多赚一点钱，以便舒舒服服地生活，他们希望稍有积蓄以防年老和生病的不时之需，他们希望有点余暇来旅行和探求非商业性知识以增长见闻，他们希望教育子女，至少使他们具有更美好的未来。他们特别希望避免那种时时存在的恐惧：接到离职通知并随之失业。

这些人之所以从事科学工作，是因为他们喜欢科学工作，他们的工作本身就是一种乐趣。但他们之所以在职业工作领域中，干着别人叫他们干的而不是自己愿意干的事，遵照既定的路径而不是主动转到更有趣、更自由、更有意义的发现之路上去，原因只有一个，那就是：这是他们的生计所在。

职业科学家的许多特殊性格实际上助长了这种唯唯诺诺的态度。但我认为，从职业气质来说，职业科学家仍然是有别于常人的，这一点虽然不像早期科学那么的普遍和明显。他们为好奇心所驱使并力图去满足这种好奇心。为了这一点，他们愿意适应任何一种生活方式，只要在精神上和物质上对他关注的事情尽可能地减少干扰。此外，科学本身是一项极其令人满足的职业，因为从事科学工作能使人不去过多注意外界事物，因而也可以为身感世事沧桑的人们提供安慰和回避的空间。所以只要科学本身不受威胁，大部分职业科学家可能都是最恭顺的良民。如果资本主义制度能避免战争和法西斯主义，它应可以继续得到职业科学家，包括许多当代最伟大的科学家的支持。

科学与宗教

科学与宗教的关系变迁，可以很好地说明职业科学家是在引领和尊奉社会时尚的。距今不到100年前，科学和宗教的关系还是水火不容，那时的职业科学家基本属于无神论者，或至少是不可知论者。但现在双方都在表明，宗教和科学之间的斗争已经由于发现两者之间并无矛盾而不复存在。与此同时，一些知名的科学大师也支持关于宇宙和人类生命的神秘解释。

之所以出现这种转变，并非是在于先前论战中的观点已经被统一了，而是因为宗教在19世纪中叶的时候，的确过于侵入日益发展的生物学和地质学。当时的职业科学家并不希望被归为不信教的异端，可是他们在当时却面临为难的抉择：要么自己就得刻意表现是信教的，要么就得否定自己的研究成果。当社会不再要求他们否定自己的研究成果，职业科学家还是愿意回到宗教那里去的，这是在回归社会风尚。

俄国大革命发生以后，这个变化尤其明显，宗教曾经是反革命力量，但后来其重要性又得到了充分的赏识。更早在18世纪末，也发生过类似的情况。当时科学和伏尔泰的自然神论，曾一度关系紧密，但后来，法国大革命期间，自然神论被认为对现有秩序具有确定的危险性，科学也随之受到禁锢。直到19世纪，人们发现有可能把科学与信仰统一起来的时候，禁令也就取消了。

科学和宗教的微妙关系生动地表明，社会文化对职业科学家学术工作的影响是多么大。社会文化中充满了激动的情绪，而科学总是小心翼翼地清除了感性。社会文化是无所不包的，而科学则是高度专业化的。

这些特点由于19世纪的"纯科学"观念而进一步得到显著增强。那个时期，由于正统的科学教育和科学传统坚决要求通过专业化培养技术能力并且否认科学与社会之间存在任何有机联系，因此，在科学家看来，科学本身似乎就只是一种狭隘的教条，不能满足人之为人的一般需要。为此，他们就不得不求助于一切与科学无关的事物，如宗教、神秘主义、唯心主义哲学或美学。这其中没有一种能很好地与他们的科学调和起来。于是，他们就养成了一种习惯，把大脑分成若干互不相关的区域，科学的归科学，信仰的归信仰。19世纪那些最伟大的科学家，其生平就是最好的例证。这种认知和17世纪把科学扩大到政治、哲学和宗教领域的传统形成了鲜明的对照。

我要说，这种对科学的狭隘认知及其影响，不但裂解了科学事业和社会运动之间的有机联系，而且也对科学发展产生了负面作用，使科学由于过于专业化和缺乏哲学的维度，变得贫瘠了。

科学界的"老人"统治

以上所论还只是对职业科学家个人的一些影响。我们还得考虑到科学的组织形式对科学事业的影响。在这方面，科学界的"老人"统治是一个重要因素，它极大地妨碍了职业科学家对社会运动应有的积极贡献。所谓老人统治，就是说，科学界的控制权越来越落到年龄较大的科学家集团手中。这种老人统治的组织形式已成为影响科学事业进步的最大因素。前面我们曾经讨论过它发挥作用的方式，目前它已成为自动延续和自动加强的复杂体系，且正与政府和资本集团紧密联合。职业科学工作者的规模和科学工作的内在复杂性都在迅速增长，这使得"老人"统治的模式更为坚固，同时也使得科学事业更加无力自我更新。我们期盼，推动科学事业进步的内在积极因素，能够克服"老人"统治所带来的阻力。如果不能实现这一点，那么"老人"统治对我们文明的作用，迟早会像它对希腊和罗马文明所起的作用那样，使科学只剩下故弄玄虚和炫耀历史。如何避免历史的循环？唯有科学管理的民主化和职业科学家的年轻化。

9. 作为社会公民的职业科学家

接下来我想谈的话题，是关于职业科学家的社会责任。由于科学事业日益成为现代国家之社会实践的组成部分，职业科学家的独立意识和批判精神有所减弱。不过，这也同时使得他们更加能体察普通社会公民的切身利益。这一点，特别适用于年轻科学家。现代商业文明及科学进步的益处，很多时候往往都归少数资深科学家所拥有，大多数的年轻科学家如果感受不到未来的希望，就会倾向于利用社会力量来改善自己的实际境遇。

这种认识，当然也只是促使职业科学家逐步地产生作为社会公民的自觉。此外还有政治和经济领域的种种变化和不稳定带来的影响。职业科学家如果处于世外桃源的话，他们也许会证明，他们是比任何其他职业成员更为恭顺的人，可是，他们并不是处在太平盛世。外部世界的动荡格局终将打破他们的平静心境，并迫使他们不得不比以往任何时候更认真地思考自己在社会中的地位和作为。当下，最重要的有四件事：经济危机、苏联经验、法西斯主义的兴起,以及全面备战的强化。

经济危机

现代工业化的进度,足以使我们有理由把当下时代看作是第二次工业革命,而且在这次革命中,科学所起的作用远超过第一次工业革命,且更带有自觉性。科学的应用变得越来越直接了。大多数人相信,科学在技术层面的应用,显然可以使世界变得丰衣足食并使人们逍遥清闲,这并非只是未来的想象,而是正在成为事实。美国的强盛,使人们认识到现代科技对于国家实力的重要性,这种认识也最典型地体现在"专家治国论"的思想中。这一点也不奇怪。然而经济危机爆发后,经济萧条和技术进步的鲜明对照,才促使人们不得不重新思考工业革命所提供的潜在可能性的真正意义。人们本来都把经济进展和技术进步的并行不悖视为理所当然,现在看来,大规模的经济危机可能大大影响技术进展对人类的价值。因为,经济萧条和社会动荡不但会使这种进展停滞,甚至可能引诱技术成果导致危险的社会目标,诸如大规模失业或对外战争。显然,作为社会公民的职业科学家应该意识到,单是在技术发明上取得进步是不够的,还要对经济社会制度实行变革。

苏联经验

当人们反思这些问题的时候，苏联给出了回答。苏联人提出了第一个"五年计划"，吸引了那些对于世界无序混乱竞争感到失望的人们。而这个全方位的"五年计划"在世界经济严重萧条之际所取得的务实成功，也愈加使得挑剔的人士心服口服。苏联要应对的困难主要是物资和人才的缺乏，而不是其他国家所面临的制度性障碍，无疑，他们成功了。计划生产的观念立刻开始引起了关注。于是人们看到了一丝希望，除了专家治国，还有计划经济。人们想仿效苏联的成功经验，却未能正视苏联成功经验背后的经济社会变革的全新意义。苏联的成功，对西方职业科学家尤有吸引力，因为它给出了一个方向，由此就可以克服科学事业正面临的混乱。

苏联成功经验的影响是全方位的。苏联科学事业的组织形式及它在发展科学和科学教育方面的巨大投入，向全世界表明，终于有了这样一个理想的国度，科学可以在其中发挥应有的社会功能了，即使那些熟知苏联科学事业缺陷的人也不得不承认这一事实。对于西方人士来说，这是他们第一次有机会真正地发现，在西欧存在了半个世纪却无人加以赏识的马克思辩证唯物主义的理论基础。在英国，对辩证唯物主义的兴趣，真正开始于1931年举行的第二届国际科学史大会。苏联派出了庞大的代表团参加本次大会。他们提交的论文表明，把马克思主义应用于科学，可以而且正在为理解科学史、科学的社会功能提供丰富的新概念和新观点。苏联代表团的《处于十字路口的科学》论文集，收录了苏联学者赫森关于牛顿的研究论文，即《牛顿〈自然哲学之数学原理〉的社会与经济根源》。对英国学者来说，这是对科学史再评价的起点。也正是大约在此时，在美国、法国等许多其他国家，尤其是在日本，再度对"马克思主义与科学史"产生了浓厚的兴趣。

法西斯主义

法西斯主义的兴起迫使职业科学家重新思考科学的社会功能。在法西斯主义出现之前，或者更严格地说，在它出现于作为世界科学中心的德国之前，人们都认为，科学的社会功能是一种理想，而不是实际生活中的必要。不少科学家觉得，如果科学能用于为人类造福而且能适当地组织起来，那当然很好，但为了这个理想的目标究竟是否值得花那么大的力气呢？大家普遍觉得，还是维持现状，并尽量利用现状就好，换言之，即使科学事业没有得到积极的对待，但毕竟还没有被肆意去干涉和践踏。希特勒的上台使这一切都变了。驱逐犹太裔科学家和自由派科学家的事件，使所有处于"岁月静好"的科学家也突然意识到，任何个人都无法置身事外了。纳粹主义对国家的改造，显然意味着要把科学改造为某种面目全非的东西,这个时候,科学本身也正处于危险之中。法西斯主义正把生物学和社会学大加歪曲,以适应作为纳粹宣传的种族理论。他们粗暴地操控科学以利于宣传和战争动员。

英国科学家对法西斯主义的态度不太一致,这有点令人感到意外。当然,拥护纳粹主义理论的,只是极少数人。但相当一些人,虽然他们一方面谴责纳粹破坏科学及对犹太人士的迫害,另一方面却认为自己的反应仅仅应该限于对受害者的帮助。他们不但没有认识到目前态势迫切需要所有职业科学家联合起来采取积极行动来反对法西斯主义,反而认为,德国的教训表明职业科学家应该更少过问政治和社会问题。他们甚至认为,职业科学家能否免受政治迫害,取决于他们是否在政治上保持中立。某位教授1933年在给《自然》杂志的一封信中竟这样说:

> 如果科学家们要从文明社会得到豁免和宽容的特权,他们就必须遵守规则。这种规则就是,通过实验增进关于一切自然事物的知识并改进一切有用的技艺、制造方法、机械操作、发动机和发明,而不涉及神学、形而上学、伦理学、政治学等,一切为了上帝、为了国王、为他的王国带来好处,并为人类普遍造福。不过问伦理或政治,并无鄙视伦理和政治之意。人类的伦理和政治事务,需要最聪明和最优秀的人去担任,但科学应该保持超然的不倚不偏的态度。这并不是

出于任何自高自大，也不是出于对公众福利漠不关心，而是以此作为一个达到学术事务上彻底忠实的条件。日常生活所必需的感情，在做出科学判断时是完全用不着的。如果科学失去了它在学术事务上的忠实性以及它脱离于政治事务的独立性，如果它同感情、宣传、广告、某些社会或经济理论联系起来，它便会完全不再具有它的普遍吸引力，它的政治豁免权也就会随之丧失了。如果科学要继续进步，它就必须坚守它传统的独立地位，它就必须拒绝介入或者受制于任何神学、伦理学或政治学。

这种观念使职业科学家更加明确地脱离了一切社会政治活动。当社会需要一位世界闻名的科学家联名提出某项政治动议时，他竟回答说，"我对政治完全不懂，也根本不想去懂。因为，如果我置身局外，我想，他们就不能对我怎么样了。"与此鲜明对比的是，许多年轻科学家对政治社会议题比较感兴趣，并且坚决主张科学家应该站出来对法西斯主义，必须公开阐明立场。一位教授在一篇广播稿中这样说：

一个社会，如果不能善加利用科学，它就一定会变得反科学。这就意味着，在这个社会中，科学将不再可能去实现本应有的进步。资本主义正朝着这条路走下去，而这条路将通向法西斯主义。另一条路，是实行大规模彻底的社会主义规划。我认为，可走的路就是这两条。事实上，法西斯主义并不是意大利或德国所特有的东西，它是一种通过经济民族主义来应付资本主义世界性危机的政策的必然结果。这个办法能成功吗？我不相信。我认为，这是一种倒退。资本主义是拯救不了自己的。中产阶级对法西斯主义所抱的希望肯定要破灭，他们有朝一日会发现自己上了当。他们认为自己得到的是某种新东西，既不是资本主义，又不是社会主义，可是实际上他们得到的就是资本主义，法西斯主义肯定也就是资本主义。在法西斯主义施放的帮助小业主的烟幕下，小业主却明显地、特别迅速地消灭了。这是很稀奇但也是意味深长的。在法西斯主义国家，一如在其他地方，这种现象是资本主义的内在困境造成的。我相信只有两条路可走，目前似乎正是通向法西斯主义的路，这是危险的。我相信，唯一的出路，是另一条道路，是社会主义。科学家们也许不久就得决定，自己究竟要站在哪一方。

我相信，这种立场不仅限于口头，也正成为实践。已经有科学家在保卫民主、反击纳粹的前线献出了自己的生命，所有的科学家应该清楚明白自己的应尽职责。

全面备战

日益紧迫的备战活动，使科学家们日益认识到，我们需要有一个共同目标和方向。无论自觉与否，职业科学家们已经愈来愈直接或间接地参与了这种备战活动，有的学者在为钢铁与化工行业出力，有的学者在政府国防部门工作。英国政府正在招募科学家参加防空工作，化学家和医师也是特别紧缺的人才。大学里，也正在建立技术军官后备队。职业科学家再也不能置身局外了，他们得做出决定，自己究竟是不是参加这种备战计划，如果参加的话，应按照什么条件参加？许多人是接受政府公告并自愿提供帮助，不过也有少数人采取彻底的和平主义态度，拒绝参与备战。还有一些人没有拿定主意，但倾向于对政治和政府的备战计划持批判态度。我相信，肯定有越来越多的人强烈主张，战争是对科学的滥用，但对于怎样防止战争以及职业科学家在这其中究竟应该扮演什么角色，意见纷纷，莫衷一是。而国际和平运动科学委员会的实践表明，职业科学家们更愿意，以自己的独特身份，与广泛兴起的社会和平运动联系在一起。

10. 社会觉悟与职业科学家的组织

所有这些思考和社会运动的总效果，就是愈来愈多的职业科学家们认识到，科学工作并不局限于实验室，科学家应该首先关注自己的社会环境，并且最终还要关心使科学事业可以健康发展的社会体制。若认为职业科学家只要能开展工作就可以完全心满意足了，那是一种眼光短浅的看法。即使他不愿思考科学工作的最终目的，他至少也应该明白，科学事业健康发展有赖于科学传统的良性维系，而这又有赖于社会的发展进步，而非有赖于法西斯主义或战争所造成的社会倒退。有人认为，在目前这个特殊时刻，社会生存的需要超过了科学新发现的需要。也有人认为，只要实验室还在，只要研究人员还没有被征召入伍或被捕入狱，职业科学工作就应该是，而且必须是他们所关心的重点。可是我想说，职业科学家的社会觉悟，绝不是一件无足轻重的小事，任何科学家，理应对迫在眉睫的重大社会问题做出应有承担。

谈到这个话题，最常见和最动听的理想办法，就是把管理国家事务的权力交给职业科学家。这种想法至少有两个麻烦：一是，如何实现权力转移；二是，职业科学家如何行使这种权力。在我看来，解决社会问题的这类方案，最终都会转向极权主义甚至法西斯主义。而在法西斯主义国家，职业科学家却恰恰不过是政治宣传的工具，被统治者加以利用而已。虽然，职业科学家来统治社会的前景，只是一种不切实际的虚幻，但我认为，职业科学家应该，并且肯定会在社会组织中扮演很重要的角色。这也正是接下来我要着重讨论的话题。

目前最急迫的是要想方设法让科学家能行动起来，尽最大可能来保障科学事业的健康发展，而不至于受到黑暗势力的破坏。作为个人，职业科学家的力量是单薄的，无殊于任何一个公民，因此只有联合起来，才能发挥科学对社会的重要影响。不过单单联合还是不够的。科学虽然具有强大的社会功能，但并不会自动让科学家们拥有巨大的政治影响。科学家们唯有通过自己的组织，联合具有共同社会目标的其他组织，才能促使社会进步。

职业科学家建立自己的组织或科学共同体，在科学史上具有悠久的历史。不同历史时期，这些组织具有不同的性质。早期的组织，如17世纪的英国皇家学会，其有双重职能：一是把分散、孤立、个体的科学家联合起来，二是让社会各阶层包括政治或商业力量都意识到科学的实际重要性。后来，这些职能被分离。第一个职能，当然是所有科学学会存在的理由，第二个职能则演变为类似英国科学促进协会之类的社会组织了。此外，还有一类更专业化的学会或协会，如物理学会、化学学会、医师协会或律师协会。

长期以来，这些组织很少关注科学的社会功能或职业科学家的社会责任。不过最近几年，已经发生了明显的变化。英国科学促进协会已经在1936年提出"科学和社会福祉"的讨论，并呼吁建立一个世界性的科学家联盟，来保卫和平及学术自由，并努力有效地把科学应用于为人类造福。该呼吁在第二年得到了美国同行的响应与支持。美国科学促进会（AAAS）在1937年通过了决议：

> 科学和科学的应用不仅在改变着人类的物质和精神环境，而且在大大增加他们与社会、经济和政治的复杂性，与此同时，科学事业应该不受国别、种族、宗教、信仰的限制，只有和平和自由才能保障科学事业的长期繁荣。有鉴于此，我们于1937年12月31日宣布，美国科学促进会应把科学对社会的深远影响，视为自身研究目标；我们邀请英国科学促进协会以及全世界抱有共同目标的所有科学组织一起合作，在促进各国科学家之间的和平与自由的同时，促进科学事业的健康发展，使得科学能够为人类社会带来更普遍、更丰硕的福祉。

几乎在同时，国际科学联合会在1937年的会议上，决定成立关于科学与社会的国际委员会。这也得到了英国皇家学会及各国科学机构的大力支持。为进一步引起职业科学家对此议题的关注，《自然》杂志也呼吁，应建立一个研究科学与社会之间相互关系的学会。这个提议受到了许多英国科学家的支持。1938年在剑桥，英国科学促进协会设立专门研究科学与社会、科学与国际关系的机构。

不过所有这些组织的活动都还限于职业科学家内部的研究和讨论，目前我们需要一个更有自觉性、具有更高执行力的机构。它的主要职能将不是协助科学研究，也不是为科学家争取权益或地位，而是为了帮助职业科学家更清楚地认识到自己工作的社会意义，更清楚地认识到科学始终是人类文明进步的动力，所以有必要对职业科学家的组织进行彻底的改革。比如英国科学工作者协会。

英国科学工作者协会的前身是英国科学工作者全国联合会。在第一次世界大战结束时，出于对科学的重要性的认识，英国政府设立了科学和工业研究部，联合会也是基于相同的认识而设立的。不过这个机构是职业科学家们自身，而不是政府设立的。该机构开始自觉意识到应该去做一些事情。它最早发表的公告曾这样说：

> 科学工作者全国联合会的成立，标志着英国历史上的新纪元。联合会的目标是双重的，包括科学在国家生活中所起的作用以及科学工作者的工作条件。在我们看来，第二个目

标是第一个目标的必要条件。英国科学的问题，不在于其质量而在于其规模，不在于它的学术影响力，而在于它在政界和工业界的地位。只有把更多的、国内最有才能的人员吸引到科学研究中来，并且同时为科学工作者赢得与科学对国家的重要性相称的社会地位，才能挽救英国科学事业的颓势。至今仍有些人认为，科学研究本身就是对科学研究的报酬，如果刻意改善科学工作者的薪资和待遇，是世俗、功利的，就会贬低科学研究的高尚属性。这些人忘了，科学工作不可能在真空中进行，科学家也是凡人，他们也有自己的家庭子女，很少人可以牺牲必要的物质享受以满足个人志趣，职业科学家不是苦行僧，也不太可能像艺术家那样为艺术而舍弃一切。他们虽然有强烈的职业兴趣，但也正当地关心物质报酬，如同律师、医生和商人。意识到这一点，对于国家和科学家都是必要的。

科学工作者全国联合会后来更名为科学工作者协会。它目前处境十分困难，首先是经济萧条的影响，其次是我们目前所处的环境和备战的影响，这就迫使科学家不得不开始更多地关注自身职业以外的社会问题。协会新的方针显然与原来的方针有了不少变化。但总体来看，基本认识还是一致的，那就是最基本的两点：第一，科学共同体和职业科学家个人都在关心如何保障并改善工作条件，并关心如何确立"科学工作者"的社会地位，如同医师或律师的社会地位；第二，大家都在关注科学事业在社会中的地位。这两点是密切关联的，因为只有当科学在社会体系中可以发挥最大潜能时，科学工作者个人的工作条件才有可能得以改善。协会正在这两方面着手具体的实践。不论效果如何，无可置疑的是，一个建立科学家职业组织的社会浪潮正在到来。这场社会运动显然具有广泛的社会目标，尤为表现在对社会议题的普遍关注上。

11. 科学与政治

就科学家个人或团体对社会的影响而言，这也是一种政治活动，无论他们是否意识到这一点。我想说的是，职业科学家试图改善科学的社会地位并使之为人类造福的努力，既取决于对科学内部结构的了解，又取决于对科学和社会之关系的认识，两者缺一不可，否则他们的努力是难以实现的。另一方面，政治体系本身是难以充分理解或明白如何去发挥科学的潜力，所以，科学与政治之间必须形成一种良好的合作与互动，才能实现积极的社会功能。

必须承认，由职业科学家们采取直接政治行动，有相当的风险。从社会层面看，职业科学家始终是中立的。若要摆脱这种中立，转而主动、自觉地担负社会责任，是有风险的，难免会被扣上有政治倾向性的帽子，或面临正规科学传统的指责。

但我想提醒，保持中立是不可能的。德国就是很好的例子，一个科学家若超越自己工作领域去独立思考社会问题，就会遭到严厉的惩戒。于是有人就主张明哲保身，说什么为了科学的长远利益最好保持中立。但是，大家有没有想过，保持中立，就会使科学与社会脱节，就会使科学事业不再是一种活生生的社会进步动力，那样的话，即使科学事业没有遭遇禁锢，它也无法成为思想活跃和探索精神的象征了。

在历史上，每当特殊时期，科学家总是自然而然地与所有积极和进步的社会力量联合，这并不是什么新现象。从中世纪的布鲁诺、伽利略到法国大革命，都是如此。对于一个追求真理的科学家来说，那种永远保持谨慎中立的正统态度，对科学进步所造成的损失，肯定要比烧毁他的房子或毁坏他的仪器所造成的损失更难以估量。这种革命的倾向一直是英美科学的特征。目前的动向是：一方面，人们深感科学事业迫切需要一个更合理、更公平、更有效的社会制度，可以充分发挥科学对社会的积极作用；另一方面，人们坚决反对法西斯主义对科学事业的肆无忌惮的扭曲和破坏。所以，在这场斗争中，没有一个职业科学家是能够保持中立而置身事外的。

职业科学家在政治态度上发出自己声音的同时，社会民众也愈加清楚地认识到，保障科学并促进科学发展是文明的生存和进步的必要条件。当然，这种认识尚没有组织化地表现出来。对科学事业正遭受的摧残，公众越来越高度关注并感同身受，而且迫切期盼科学家的积极作为。这可谓是民众对科学的认知的新阶段。

早期，人们只是简单赏识科学所带来的物质利益，后来经济萧条时期，民众则把一切社会弊病都归罪于科学，甚至要求回到原始的黄金时代。再后来，民众才逐步意识到，科学是一种自主力量，如果让科学自由发展，它就会更有效地为人类谋福利，但与此同时，科学的发展需要健康的社会环境，如果科学与社会的关系出现问题，科学的力量也可能被滥用，甚至危害人类社会。

因此，科学必须成为争取社会正义、和平和自由的人们的同盟军，而不是他们的敌人。事实上，在世界进步力量和反动力量之间的这场斗争中，科学所提供的力量可能是决定因素。在未来若干年中，世界可能分裂为民主国家和法西斯国家，彼此无情地较量。在这场斗争中，思想、物质和军事潜力，内在和外在的力量都将成为武器。

法西斯主义必然要反对科学国际化的理想，但它又需要科学来为它提供物质力量。它想要在扼杀科学事业的同时又享有科学的益处，这是一种矛盾，其结果会使科学，且最终会使国家深受其害。

法西斯主义有可能保持，甚至改善技术，但从长远来看，一定会导致科学事业缺乏创造力和生命力。相较而言，如果民主国家可以让科学事业自由发展，而且大力支持，那么其社会经济和文化的发展就会占有压倒优势，为全世界做出正面的榜样，不必经过战争，就能使法西斯主义从内部垮掉，即使战争难以避免，也可以保证民主国家取得最后胜利。

怎样才能使科学事业在民主国家得到大力支持呢？我们已经说明，只有通过具有社会觉悟的职业科学家与进步的社会力量的联合。要实现这一点并非容易，因为这需要社会运动领导人乃至社会民众都能真正理解科学的价值以及科学与社会之间的相互需求。

在这个意义上说，职业科学家应该成为政治家，当然不是职业政治家。他应该把社会、经济和政治体系看作是一个期待解决方案的问题，而不是权力、野心和既得利益角逐的战场。

任何进步力量如果有功利目的，职业科学家就不可能与之合作。只有当各派社会力量在正义、自由与和平的纲领基础上团结起来，才能期望得到职业科学家的全力支持。很多科学家参与"反法西斯知识分子委员会""人民阵线"等社会力量，这也是一种宣扬和普及科学知识的最好方式。职业科学家与劳工、民众一起讨论科学问题，可以帮助人们消除对科学的误解和偏见。我们需要的正是在全社会扩大科学力量和社会力量的这种合作。科学与社会团结一致，就会增进彼此理解，科学事业就会得到充分而自由的发展，全社会也就会增添科学的力量和进步可能性。

职业科学家究竟应该如何贡献自己的力量呢？目前在全世界范围内，这仅是一种趋势而尚未构成一个行动纲领。在英国，社会进步力量因党派之见而四分五裂，在这样的国家里，职业科学家个人和组织最好的参与方式，不是加入某个团体，而是不偏不倚、力所能及地对所有进步力量给予帮助，包括对社会经济情况的精确调查、对技术计划及现行军政规划加以建设性指导，等等。这一方面是出于客观形势的迫切需要，另一方面也可以身体力行地表明，社会目标的达成需要精诚团结而不是各自为战，否则，成效往往事倍功半。显然，这种努力是不容易的，但只要职业科学家能付出自己从事职业科学工作那样的献身精神、真诚、精力和智慧，我相信，这种努力就一定会成功。如果他们这样做，并且只有在他们这样做的时候，才能保障科学事业的健康、安全，才能不断发掘出科学发展对于社会进步的无限潜力。

结　语

关于科学的社会功能

> 科学既是我们这个时代的物质经济生活中不可或缺的一部分，又是引领和推动社会进步的各种观念的重要内涵。科学不仅为我们满足自身物质需要提供手段，也为我们贡献思想观念，使我们能够在社会视域中理解、协调并实现自身的需求。除此之外，科学赋予我们一些虽不那么具体却同样重要的东西，它使人类对未来的潜在可能性，怀有理性期望，这是一种激励，它正逐步而稳健地成为驱动人类现代思想和行动的决定性力量。

在本书的最后，我们终于可以对科学的社会功能，无论是当下的，还是未来的，做个明确的界定。

可以看出，科学既是我们这个时代的物质经济生活中不可或缺的一部分，又是引领和推动社会进步的各种观念的重要内涵。科学不仅为我们满足自身物质需要提供手段，也为我们贡献思想观念，使我们能够在社会视域中理解、协调并实现自身的需求。

除此之外，科学赋予我们一些虽不那么具体却同样重要的东西，它使人类对未来的潜在可能性，怀有理性期望，这是一种激励，它正逐步而稳健地成为驱动人类现代思想和行动的决定性力量。

1. 历史上的重大变革

要全面地理解科学的社会功能，有必要将其置于尽可能广阔的历史背景下。一直以来，对当下历史事件的关注阻碍了我们去理解历史上的重大变革。毕竟，在地球演化的舞台上，人类出现得很晚，而地球本身又是宇宙演变的晚期副产品。迄今，人类生活发生了三次重大变革：社会的建立、文明的诞生——这两次都发生在史前时期——及科学的革命，后者正在发生中，虽然我们还不知道如何来命名它。

社会与文明

第一次变革是社会的建立，人类因此而区别于动物，并通过世代经验的传承，找到了一种新的进步方式，优于自然进化的无序竞争。第二次变革是文明的诞生，这种文明以农业为基础，伴随着专门技术的全面发展，最重要的是城市和贸易这两种社会形态得以形成。由此，人类整体就脱离了依赖自然的寄居生活，几乎完全从食物生产的苦差中解放出来了。但文明的诞生仅是局部性的。公元前6000年，人类文明几乎所有的基本特征已经具备，但这文明中心仅出现在美索不达米亚与印度之间。随后的几千年中，直到文艺复兴和我们这个时代的开启，人类文明的内涵并没有什么重大的变化。整个这段的历史记录仅仅呈现出文化和技术的细微改进，而这其中的绝大部分都具有周而复始的特性。一种文化接着一种文化，兴起又衰亡，每一种文化虽有所不同，但本质上并不比前一种更进步。真正的微小进步也只是限于疆域开拓。文明的每一次崩溃，无论内在原因或异邦侵犯，从长远看来，都意味着经一时混乱之后，该文明逐步传播到异邦去了。直到这段时期的结束，世界上所有适宜的土地都已经开化了。

科学的革命：资本主义的作用

直到15世纪中叶，开始出现一种新气象，我们今天都明白，但当时的人们显然并没意识到。文艺复兴一直被看作是资本主义兴起的预兆，但直到18世纪，人们才普遍认识到重要的变化。此时，由于科学的发明与应用，人类拥有了新的可能，这对于人类未来的影响可能更甚于早期文明中农业和技术的影响。只有到了今天，我们才能够在思想上辨别，资本主义发展与科学发展分别对于人性普遍解放的意义。两种发展似乎都与"进步"密切相关，可是与此同时又有点悖论，因为这意味着人类正在"回归"自然状态，摆脱宗教或封建权威的专制统治。我们现在明白，虽然资本主义首次赋予了科学以实际价值，因而对科学的早期发展是必不可少的，但是科学对人类社会的重要性，在任何方面都远远超越了资本主义，而且事实上，充分发展科学为人类服务与持续发展资本主义，在本质上是不相容的。

科学的社会意义

科学意味着对于整个社会生活的统一、协调以及自觉的管理，它摆脱了人类对物质世界的依赖性，或者说为此提供了可能。从此，社会仅受制自身而非自然。毋庸置疑，人类的确抓住了这种可能性。只要存在这种可能性，人类就会努力去实现。一个社会化的、综合的、科学的世界体系正在到来，但是若自认为这已经实现或无需经过严峻斗争和长期混乱就会实现，那是荒谬的。我们必须明白，我们正处于人类历史上一个重要的过渡时期。我们目前最紧迫的问题就是确保尽快完成这个过渡，并尽量把物质、社会和文化层面的破坏程度降到最低。

科学在过渡时期的任务

科学显然将成为人类历史上第三次变革的独有特征，但是唯有当这个阶段完全确立后，人们才会充分意识到其重要性。我们既然处于过渡时期，这样的任务就首先与我们相关，在这里，科学只不过是复杂的经济和政治力量中的一个因素而已。我们的任务关乎科学此时此地该做什么。而且科学在这场斗争中的重要性，很大程度上取决于对这种重要性的认识。一旦意识到自己的目标，科学就能持续成为社会变革的主要力量。由于它所蕴藏的巨大力量，它最终就能驾驭其他的力量。但是，科学如果没有意识到自身的社会意义，就会沦为那些邪恶势力手中的工具，进而被驱使而背离社会进步的方向。更可怕的是，在这一过程中，自由探索的精神作为科学的精髓，也将遭到毁灭。为了能让科学自觉意识到自身价值与潜在力量，就必须结合当下及可预期未来所存在的问题来看待它。如此，我们才能明确，科学目前的功能是什么。

可预防的灾祸

今天世界的诸多灾祸——饥饿、疾病、苦役和战争，在以前都可以归为自然灾害或神灵惩戒，而如今完全是因为那些腐朽的政治经济制度的捆绑。没有任何技术上的理由可以解释，为什么今天的人们依然无法填饱肚子；也没有任何理由可以解释，为什么今天的人们依然不得不迫于生计而每天重复着单调无味的劳作。在本可以享受富足和悠闲的今天，战争行为完全是出于愚蠢和残暴。人类目前的大部分疾病，直接或间接都是由于缺乏食物和良好的生活条件，而所有这一切显然本来都是可以消除的。只有当这些灾祸从地球上消失了,人们才可以感受到,科学已经被很好地应用于为人类服务了。

但这只是开始。有许多灾祸,如疾病或迫不得已的劳作,似乎难以避免,但我们有充分理由相信:只要有充足的经费支持,严谨的科学研究将会发现灾祸背后的原因并予以解决。让那些对人类有潜在价值的科学研究得不到应有的支持,无异于造孽。

需求的满足与实现

当然,这些都只是一些消极的层面。对于科学来说,仅消除灾祸显然是不够的。我们必须期待科学能够创造出新的美好事物,更向善的、更积极的、更和谐的生活方式。到目前为止,科学尚未触及这些领域,它只是满足了前科学时期的原始需求,而没有试图加以分析和提升。像研究自然那样去研究人,去发现社会发展和社会需要的意义和方向,才是科学的功能。人类的悲剧往往就在于成功地实现了想象中的目标。科学有能力看到未来并能同时理解问题的多个层面,所以它就应该能够更清晰地判断,对于个人需求或社会需求,哪些是真实的、哪些是虚幻的。科学既可以实现人类的真实需求,也可以显明人类的某些需求的虚幻和不现实,从而赋予自身现实的力量和观念的解放。今天,科学已经成为改变人类物质文明的主动性力量,它必然越来越深远地影响人类文化的进程。

2. 科学与文化

当今，高度发达的科学几乎和传统文化完全隔绝，这是极为不正常的，也难以持续。任何文化，一旦长久脱离当代的实际，必然会蜕变为学究迂腐。当然，科学自身结构也需要进行内在的改革，才能实现科学与文化的融合。科学的起源和诸多特性确实来自于物质世界的需要，但科学方法从本质上来说是批判，其最终标准是科学实验，也就是实验检验。科学最激动人心的部分，即科学发现，其实并不属于科学方法本身范畴。科学方法仅仅是为科学发现做准备并确保其可靠性。科学发现常常被不假思索地归功于天才，这其实是有失敬重的。我们并没有好好地去研究一下关于"科学"的科学。今天的科学，其缺陷还表现在另一方面，即它完全无法处理那些难以还原为可定量的数学描述的新现象。若要把科学应用到解决社会问题，就需要完善科学并克服这些缺陷。只有这样，科学才能与文化融为一体。科学的枯燥和无趣，再加之关于职业科学家形象的各种奇特臆想，科学很容易被传统文化普遍抵触。只有全面彻底的改革才能使科学全然成为现代社会生活和思想的普遍基础。

在某种意义上，这种改革体现出科学内部趋势与外部趋势的融合。如多学科分析、证据收集、多因素归因处理、概率统计，这些都将成为探究人类行为的背景知识。同时，史学、人类学、文学和艺术，都将进入科学的范畴。科学所呈现的世界图景虽然处于不断变化中，但越来越趋于明确和完整，这必将成为新时期人类文化的基础。当然，仅有这个变化是不够的，为了面对新的挑战，科学必须自我完善，而不仅仅是吸收或同化其他学科。

3. 科学的革命

科学发展过程都是从宏观到微观，从简单到复杂。第一阶段，是对宇宙已知现象的描述和分类，这已经基本上完成了。第二阶段，是理解宇宙的运行机制，这也接近于完成，人类已经掌握对宇宙基本规律的解释。接下来要面对的就是未知的世界，以及不可知的世界了，我们目前仅仅能够瞥见未来的一点端倪。随着人类由生物世界演变到文明世界，宇宙也越来越成为人的"创造物"。人类在经济、社会和心理方面为自身所带来的诸多问题，已经成为科学在理论或实践层面的主要挑战。将来，随着人类解决了征服自然这个比较简单的问题，上述各种挑战就会变得日益棘手。

新事物的起源

我们注意到，社会的发展部分是来自于有意识的推动，部分是来自内部各力量之间微妙的相互作用。越是想就事论事地解决当下的问题，就越是需要找寻解决问题的方法，只有这样才能未雨绸缪。

在早期，人类的理性是面对最简单的现象，这就有了力学、物理学和化学。这些学科奠定了我们的理性思维模式，即万物皆不变、天下无新事。但后来，随着生物学发展，这种观念开始衰落了。进化论的提出不仅标志着人类对自然认识的进步，更是我们思想方法中关键的一跃，因为它意识到了历史中的变化。的确，几千年来，人类一直在研究历史，但其观念则完全不符合科学精神。历史中蕴涵变化，他们不承认变化，所以他们压根就否认历史也可以成为科学。科学为什么不应该去学会面对宇宙中的变化呢？要知道，变与不变，本就是宇宙的常态。迄今科学还没有如此自觉，也许它尚无必要。现在，我们要把这个问题首次正面提出。如果我们要驾驭和引领世界，那我们就不仅要学会如何去应对宇宙的有序，也要学会如何去应对宇宙的无序和变化，即使后者是由我们自己带来的。

辩证唯物主义

马克思率先意识到这个问题，并提出了解决这个问题的方法。他根据自己的经济学研究，在经典学说习以为常的那些社会现象中，深刻地认识到新规则的存在。对于思考社会发展，这是理性研究的开始。在这种研究中，已经不再可能把观察者与被观察者、研究者与研究对象严格区分开来。在混乱冲突的社会政治领域，这种思想方法正日益显示出强大的生命力。马克思主义思想方法之所以赢得认同，不仅在于它能够预言，而且能够决定人类社会的发展进程。这个任务是那种认为万事万物亘古有序、永世不变的科学学说，绝不可能完成的。

科学方法往往把现象完全孤立起来看待，所以在科学家看来，马克思主义的思想方法不严谨、不科学，或者说，是形而上的。在科学领域，只有严格控制实验环境才能把现象完全孤立起来；只有在获知所有因素后，才能做出充分意义上的科学预言。但是，当新事物出现时，我们显然无法知晓所有的相关条件，因此，把现象完全孤立的科学方法就无法处理新事物。然而，人类总是要面对社会发展的无常，正如科学总是面对自然的有序一样。科学把自己的能力限制在自然领域是完全正确的。但是，如果科学认为人类智慧对不符合常态的新事物无能为力，或者凡事若不能"合乎科学"地加以解决，就意味着无法"合乎理性"地解决，那这个时候，科学就大错特错了。

理性的扩展

马克思主义的伟大贡献就是扩展了人类理性所能达到的范围，预测了新事物出现的可能性。当然，它也受限于某些必要条件。首先就精确性而言，马克思主义关于新事物的预言，不可能与科学方法对有规律现象的孤立研究相提并论。精确的知识确是甚为理想，但精确与未知，并不是非此即彼。即使在科学内部，也还有很多领域的知识无法达到精确。例如，现代物理学关于原子现象的解释，就不可能期望精确，而只能通过大量事件的统计规律来给出描述。同样，即将影响人类社会的重大事件，如战争或革命的具体日期和地点，也是无法精确预测的。当然，因为只有一次机会，统计预测人类社会趋势的方法并非完美。尽管如此，某些社会经济或技术体制的内在不稳定性总体上是可以预见的，其崩溃也是必然的，至于具体时间是何年何月很难精确预测，也许是一个漫长的过程。

未来的趋势

无需怀疑，对于社会经济发展态势的预测，马克思主义思想方法比科学更胜一筹。但这并非意味着，马克思主义只是某种算命术，只是勾画出人类必须遵循的关于社会经济发展的一些必经之路。这完全是一种误解。马克思主义的预言并不是一项发展规划，恰恰相反，其反而强调这是做不到的。因为，在特定时刻我们所能看到的，只是当代的经济政治力量的具体形态、它们之间必然的斗争、将要发生的新情况。除此之外，我们只能预见到，这是一个过程，至今还没有终止，将来必然会呈现全新的、完全不可预测的形态。马克思主义的价值在于，它是一种思想方法和行动纲领，而非教条或宇宙进化学说。马克思主义和科学的关系在于，马克思主义使科学脱离了它想象中的完全超然的地位，并且证明科学是社会经济发展中的一部分、至关重要的一部分。如此，科学也就清除了曾经浸入整个科学思想史进程的形而上学成分。正是由于马克思主义，我们才深刻地认识到，科学发展的内在动力；而通过马克思主义的实践，科学将更充分地造福人类社会。

人们必将认识到，科学是社会根本性变革的首要因素。经济和产业制度使得，或者说应该使得文明繁荣。技术的不断进步使得生活的空间和便利持续改善。科学应促进技术不断发生翻天覆地的根本变革。而这些变革适应人类社会需要的状况，就可以表明科学适应于其社会功能的程度。

要能体会这些伟大思想的全部价值，需要一个漫长而艰辛的过程，但这个过程在历史上终将只是插曲而已，当然，这插曲也是非常关键性的一幕。之后，它将成为人类宝贵的思想财富，与此同时，人类非但不会减少对科学的需要，反而会更加需要科学，来解决人类社会所面临的更重大的问题。为了完成这个任务，科学自身必须改革和完善，这样科学将不再是少数幸运儿的专属，而成为全人类的共同财富。

作为共产主义的科学

科学实践是人类一切社会活动的原型。职业科学家们的任务——理解自然规律、管理人类行为——只是人类社会的任务的自觉表达。为了完成这任务使用的方法，即使尚不完善，但都是人类为了保障自身未来的最有效途径。就其努力奋斗目标而言，科学即是共产主义。在科学工作中，人们已经学会如何自觉服从一个共同目标而又不失去自我个性。因为，每个人都知道，自己的工作有赖于前人的耕耘、同仁的协作，且只有通过后人的传承才能开花结果。科学工作中的相互协作并非出于上级权威的强迫，也不是盲目追随君王领袖，而是因为人们认识到，只有在这种自愿合作中，每个人才能找到自己的目标。决定行为的不是命令，而是忠告。每一个人都知道，自己的工作只有依靠他人真诚而无私的忠告，才能取得成功，因为这些忠告精确地反映了自然世界所固有的客观事实。事实就是事实，我们无法随心所欲地改变客观事实，只有承认世界的客观规律而不是佯装未见，人类才能获得真正意义上的自由与解放。

以上便是我们在科学实践中学到的一点皮毛，过程是痛苦的，认识是不完备的。期待在人类社会更伟大的征程中，这些粗浅的认识能够臻于成熟、深刻，进而得到更充分的应用和发展。